たった1つの選択で日本は変えられる

インバイロワン工法の秘密

臼井 明　守屋 進　秋野 公造

SOGO HOREI PUBLISHING CO., LTD

金山橋

（北九州市八幡東区大平町）

塗り替え前の金山橋

他工法と比べて簡易な防護工で施工

インバイロワンはスプレーにより
容易に塗布できる

施工箇所によっては自重で
かなりの部分の塗膜がはがれた

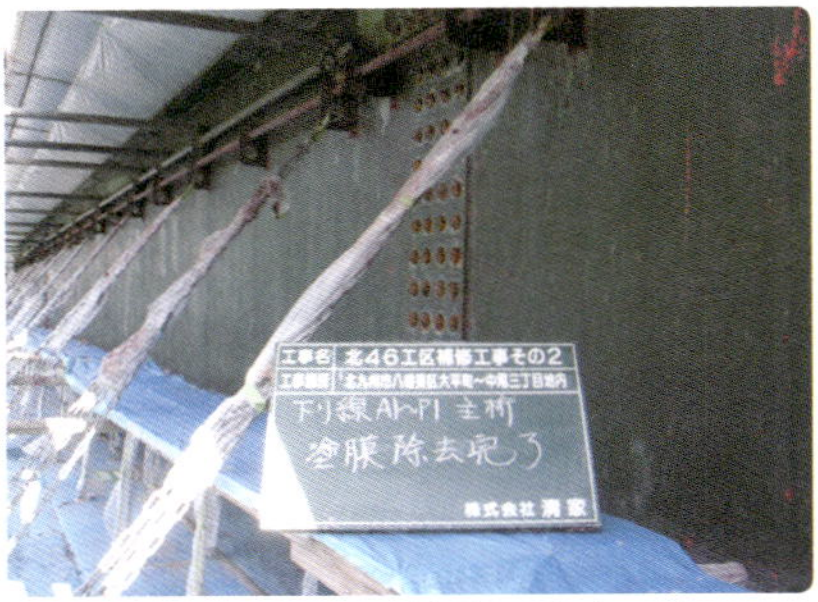

インバイロワンは塗膜の除去で完工
（錆部は電動工具を使用）

塗り替え塗装完了後の金山橋

武石高架橋

（千葉市花見川区武石町）

塗り替え前の武石高架橋

インバイロワン塗付後 24 時間経過

一部の塗膜は自重ではがれた

スクレーパーで容易に旧塗膜が除去できる

旧塗膜を飛散させず容易に回収できる

2007年ものづくり日本大賞受賞

（内閣総理大臣賞）

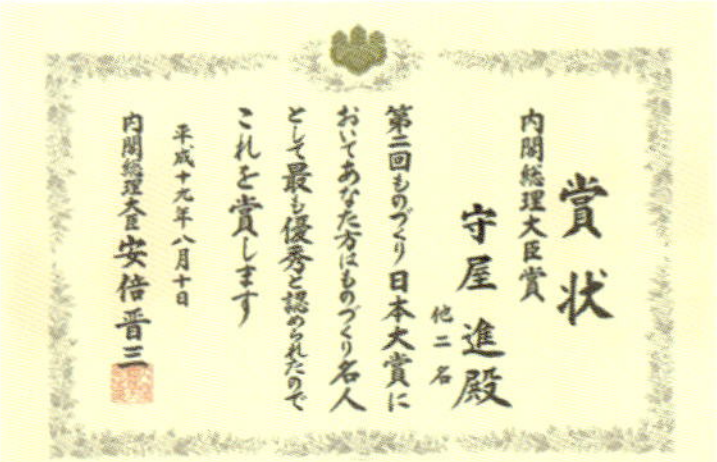

インバイロワン

インバイロワン工法で施工された厚岸大橋
（北海道厚岸郡）

はじめに

〝日本を変えられるたった1つの選択肢〟とはなんだろう？

いま、本書を手にしている方は、そう思われているのではないでしょうか。

本書では、〝日本再生への道を切り拓く画期的な方法〟である〝インバイロワン工法〟について、わかりやすく、詳細に解説しています。この名前を初めて耳にする方もいらっしゃるかもしれません。しかし、実際にはあなたのごく身近な場所で、あなたやその家族の健康を守る役割を担い、活躍しているのです。

私たちの身の周りにあるインフラ（道路や橋、トンネルなど）は、いま大きな過渡期を迎えています。多くのインフラは、高度経済成長期に建設され50年以上経過、老朽化対策が必要となっています。中でも橋の老朽化率は高く、２０１７年現在で老朽化の割合は18％、15年後には70％近くになると試算されています。

橋の多くは鋼材を原料としています。鋼材の老朽化を防ぎ長持ちさせるためには、〝錆〟を防ぐこと（防錆《ぼうせい》）が大変重要です。橋の防錆対策として最も有効な方法が、〝塗装〟を施すことです。実はこの塗装が、環境やあなたの健康に、大きな影響を及ぼす可能性が高いのです。

実は、これまでの塗料には、今は使用が禁止されていますが、錆止めの役割を持たせるため〝鉛〟が含まれているものが主でした。また、一部の塗料には使いやすくするために〝ＰＣＢ〟が使用されました。これはどちらも私たちの健康に大きな影響を及ぼす有毒物質です。

また、一般的な塗装を施した場合、ほぼ10年ごとに塗り替えが必要になります。

橋をできるだけ長持ちさせ、手間とお金のかかる塗り替えの回数を減らす必要があります。このとき、これまでの塗り替え工法では有害物質を含んだ粉塵が大量に発生します。粉塵による作業員の健康被害を防ぐと共に周辺環境を汚染しないようにするために開発されたのが〝インバイロワン工法〟です。

Introduction
はじめに

インバイロワン工法は、有害物質を飛び散らさずに塗膜をはがすことができ、約50年塗り替えの必要がない「重防食塗装《じゅうぼうしょくとそう》」を施すことができるのです。

本書では、インフラの現状と従来工法の問題点、インバイロワン工法のしくみなどを、図表やグラフなどを数多く用い、できるだけ専門用語を使わずにわかりやすく解説しています。一方で、インフラの保全に関わる方にも、十分な知識を得ていただくだけの内容にも触れています。

本著の執筆に際しては、国会議員であり医師でもある秋野公造さんにも加わっていただきました。秋野さんは、ＰＣＢによる健康被害「カネミ油症事件」が起きた九州で育たれました。そのためＰＣＢに特別な想いがあり、厚生労働省勤務時代から、ＰＣＢを環境中から根絶する施策に、前のめりで取り組んできた方です。

そのため、私たちの「インフラを正しく整備・保全し、後世に引き継ぎたい」「橋の塗膜に含まれる有害物質を、安全で簡単に除去したい」との想いに、大変共感してくださっています。

本書では、チャプター1～3で、インフラの状況や問題点の詳細、その打開策としての〝インバイロワン工法〟の秘密を、私たち臼井と守屋が解説しています。

チャプター4では、インバイロワン開発にまつわるエピソードを、私たち二人の対談形式で紹介。行政とのやり取りの難しさなどにも触れました。

最終章は秋野さんを加えた三人の鼎談形式で、改めてチャプター1～3を振り返り、医師と国会議員の立場から専門的な意見や見解を紹介しています。

なお、「時間がない」「何だか難しそうだ」とお思いの方は、チャプター5からお読みいただくことで、本書の大まかな内容を理解いただけます。

安心・安全で、サスティナブルな日本にするため選択が、ここにあることを知っていただき、皆さんが正しい選択肢を選ぶための一助となれば幸いです。

２０１７年10月　臼井 明／守屋 進

Chapter1

崩壊しつつある社会インフラ
～重防食塗装への塗り替えで日本を守る～

Chapter2

塗り替え工事に潜んでいた罠

～古い塗料にはさまざまな有害物質が含まれていた～

Chapter3

「インバイロワン工法」という選択

～なぜ、はく離剤なのか～

Chapter4

〝インバイロワン〟開発ストーリー

～開発に携わった二人の技術者の想い～

Chapter5

行政も期待する技術

～PCB被害を二度と起こさないために～

装丁デザイン・図版制作　小松学（ＺＵＧＡ）
本文デザイン・本文イラスト　土屋和泉
ＤＴＰ　横内俊彦
編集協力　杉山忠義
制作協力　臼井聡
撮影　酒井正之
装丁・扉写真　Richard Yoshida／Shutterstock.com

Chapter 1

崩壊しつつある
社会インフラ

〜重防食塗装への塗り替えで日本を守る〜

001

高度経済成長期に造られたインフラが老朽化

道路や橋、トンネル、水門、ダムゲート、鉄塔など、私たちのまわりには数多くの土木構造物があり、生活を便利に、また豊かにしてくれる社会インフラとして役立っています。

これら多くのインフラが整備されたのは、今からおよそ50年以上前です。第二次世界大戦の敗戦から復興し、東京オリンピックが開催（１９６４年）されるなど、高度経済成長で日本中が賑わう時代でした。

つまり、私たちがふだん利用している社会インフラの多くは、造られてから半世紀以上経っている〝老朽化〟しつつある構造物なのです。

図1-1 ふだん使っているインフラの多くが竣工から50年以上

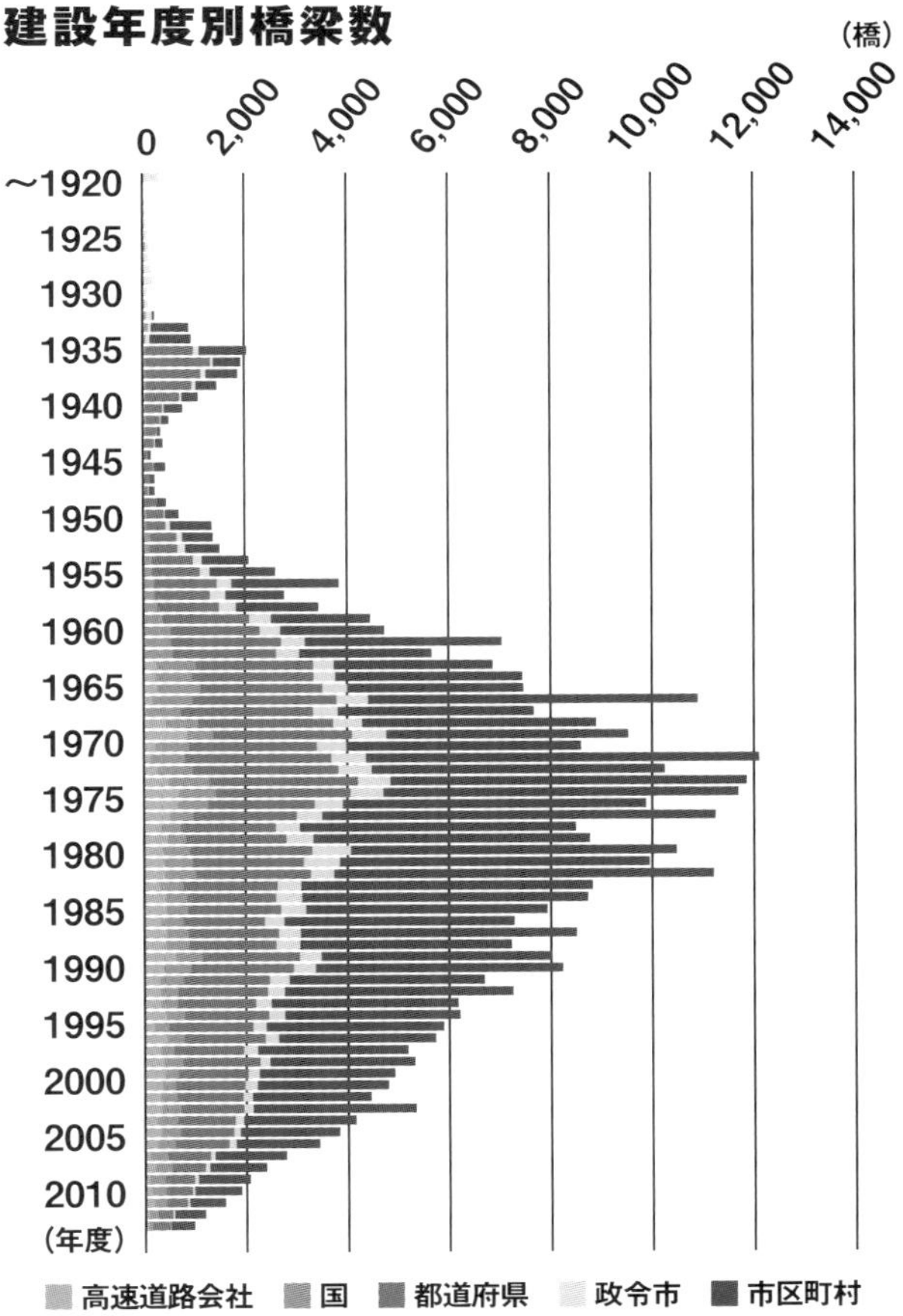

注）この他、古い橋梁など記録が確認できない建設年度不明橋梁が約30万橋ある※2011～2012年度はデータ無し

中でも道路として利用する「道路橋」は多く建設されました。

２０１３年４月時点で、長さが２メートル以上ある道路橋は全国に約70万ありま す。そしてその多くの橋で、先述したように老朽化が進んでいます。

竣工から50年を超える老朽化橋の割合は約18％。これが２０２３年になると43％に。２０３３年には約67％にもなると予測されています（図１-１、１-２）。

図1-2 今後も増え続ける老朽化橋

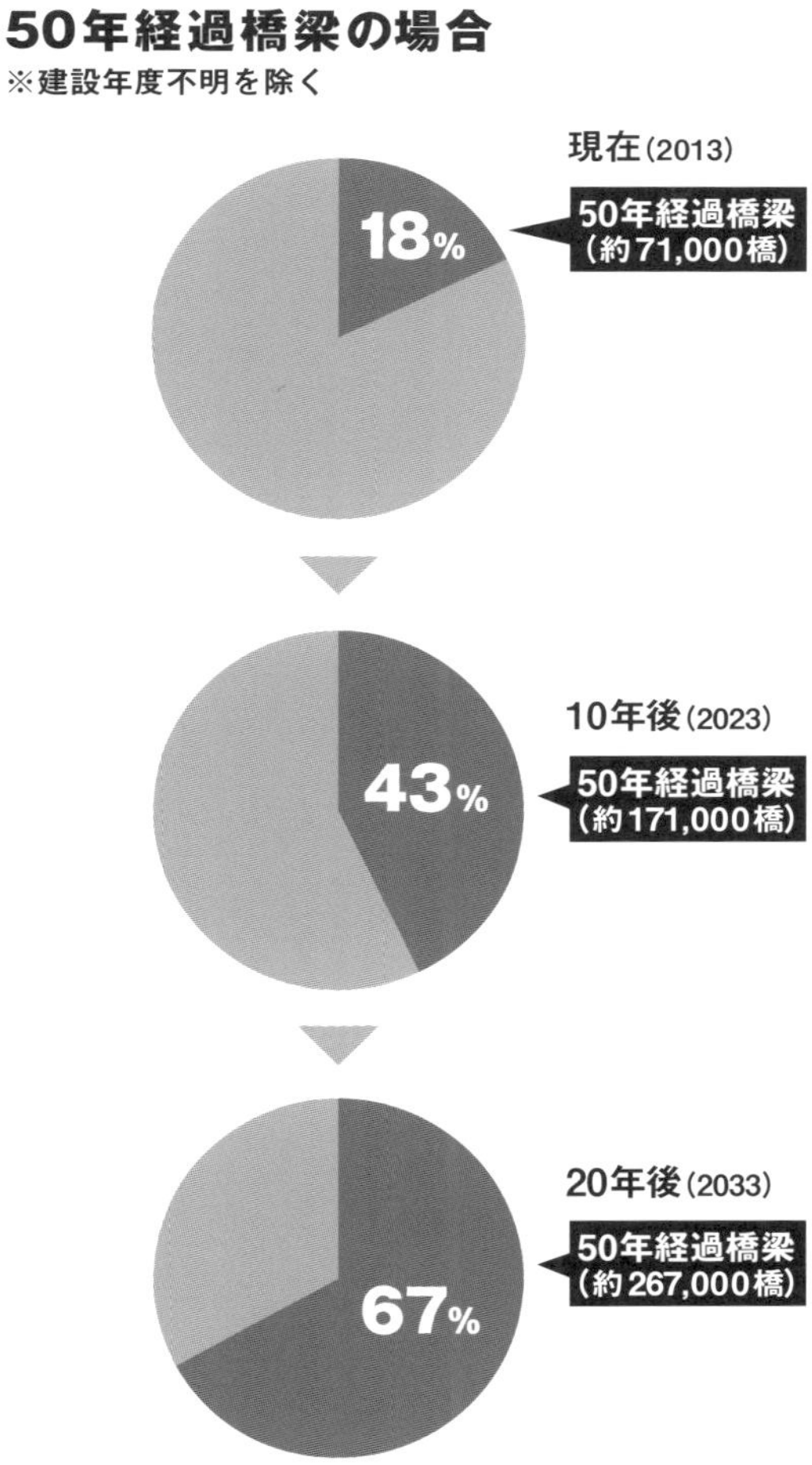

002

崩壊や事故は既に起きている

老朽化した橋をそのままにしておけば、いずれ橋は崩壊《ほうかい》し、使えなくなります。重量制限や通行制限がかけられている場合はまだ良いですが、最悪の場合は老朽化に気づかず、車両の走行中に崩壊してしまう危険性もゼロとは言えません。実際、そのような〝危険〟な橋が全国で増え続けています（写真１‐３、１‐４）。

橋ではありませんが、２０１２年12月に中央自動車道・笹子トンネルで起きた天井板落下事故も老朽化が原因でした。

写真 1-3 腐食により通行制限が設けられた橋

写真 1-4 腐食が進行し崩落した橋

003

なぜ老朽化対策が進まないのか?

なぜ老朽化対策がなされず、先に紹介したような事故が起きたり、通行止めや崩《ほう》壊《かい》する橋が増えたりしているのでしょう。

理由の一つは人手不足です。これまで橋の多くは、市町村によって管理・保全されていました(図1-5)。しかし、実際に維持管理を行える技術者がほとんどおらず、予算もないという問題がありました。

図1-6を見てください。市・区といった大きな自治体であれば、それなりに技術者はいます。しかし、町・村といった自治体では技術者0人という地域がほとんどです。いたとしても5名以下という状況です。つまり地方にいけばいくほど橋の

図1-5 橋の大半は地方自治体の管理

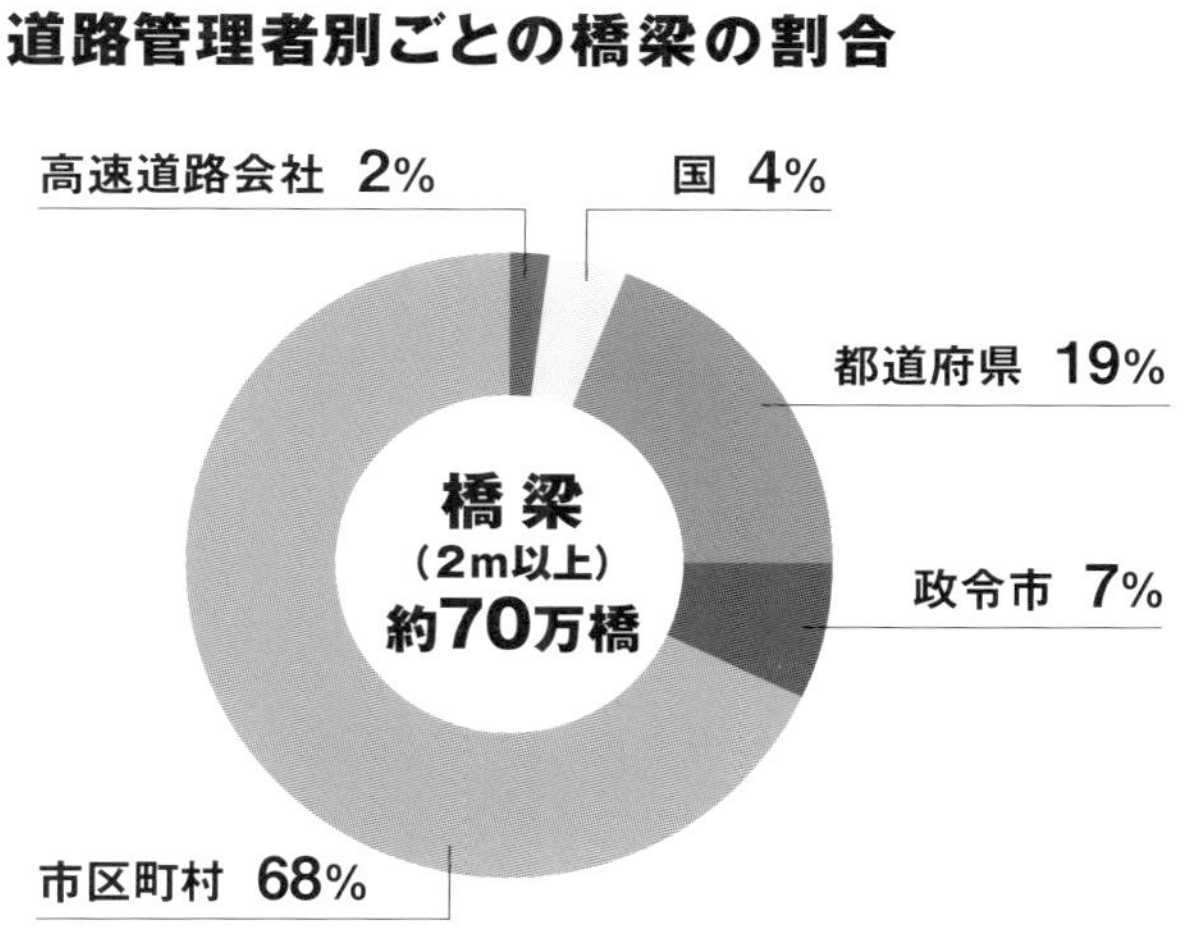

図1-6 地方に行くほど橋を保全する技術者は不足する

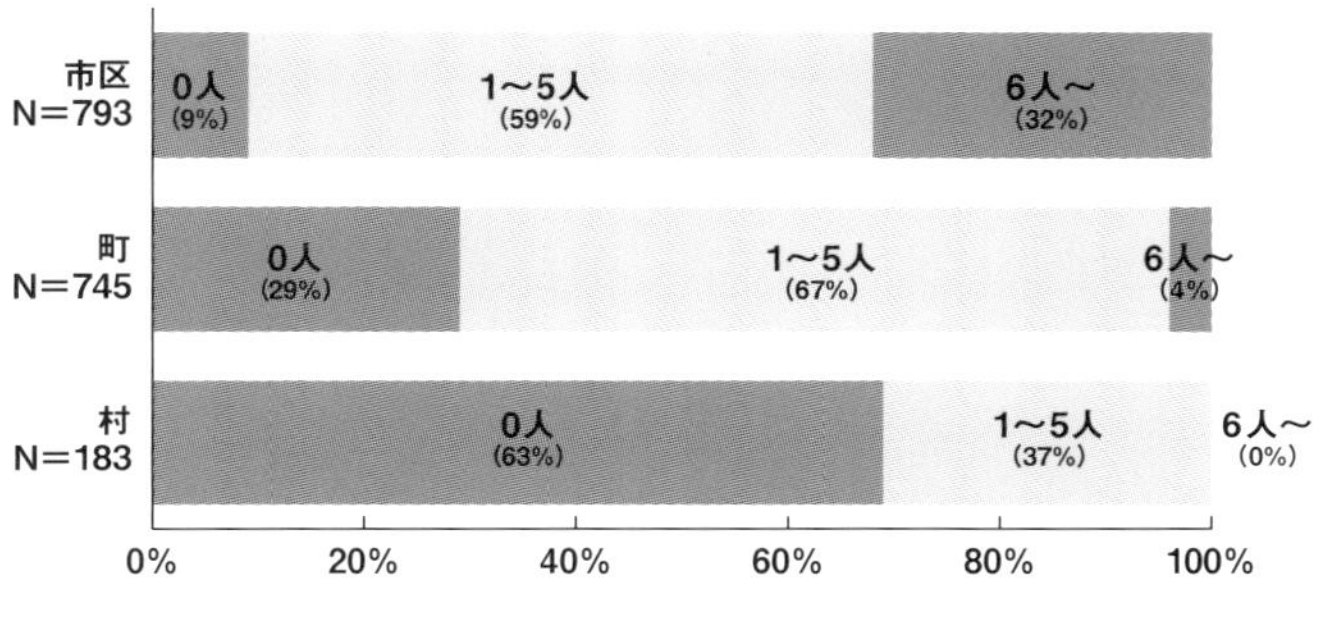

保全が適切に行われておらず、朽ちていく道路橋が増え続けている、というのが私たちが今置かれている状況なのです。

実際、地方の市町村が管理する橋で通行制限される橋が増え続けています（図1-7）。

このような現状、特に先の笹子トンネルの事故をきっかけに、国は対策に乗り出します。これまで地方自治体に任せていた橋・道路といったインフラの管理・整備を国が先導し行うこととしました。そして、2013年6月に道路法を改正。橋の定期的な点検を法律で定めました。

5年に一度は検査員が目視で橋の老朽化状態をしっかりと確認すること、その確認状況をもとに、橋の長寿命化計画を策定するといった内容です。

人と予算不足の自治体に対しては国が代わって点検をし、修繕《しゅうぜん》を代行する制度を整備しました（管理そのものは引き続き地方自治体が行っています）。

図 1-7 年々増え続ける通行制限となる道路橋

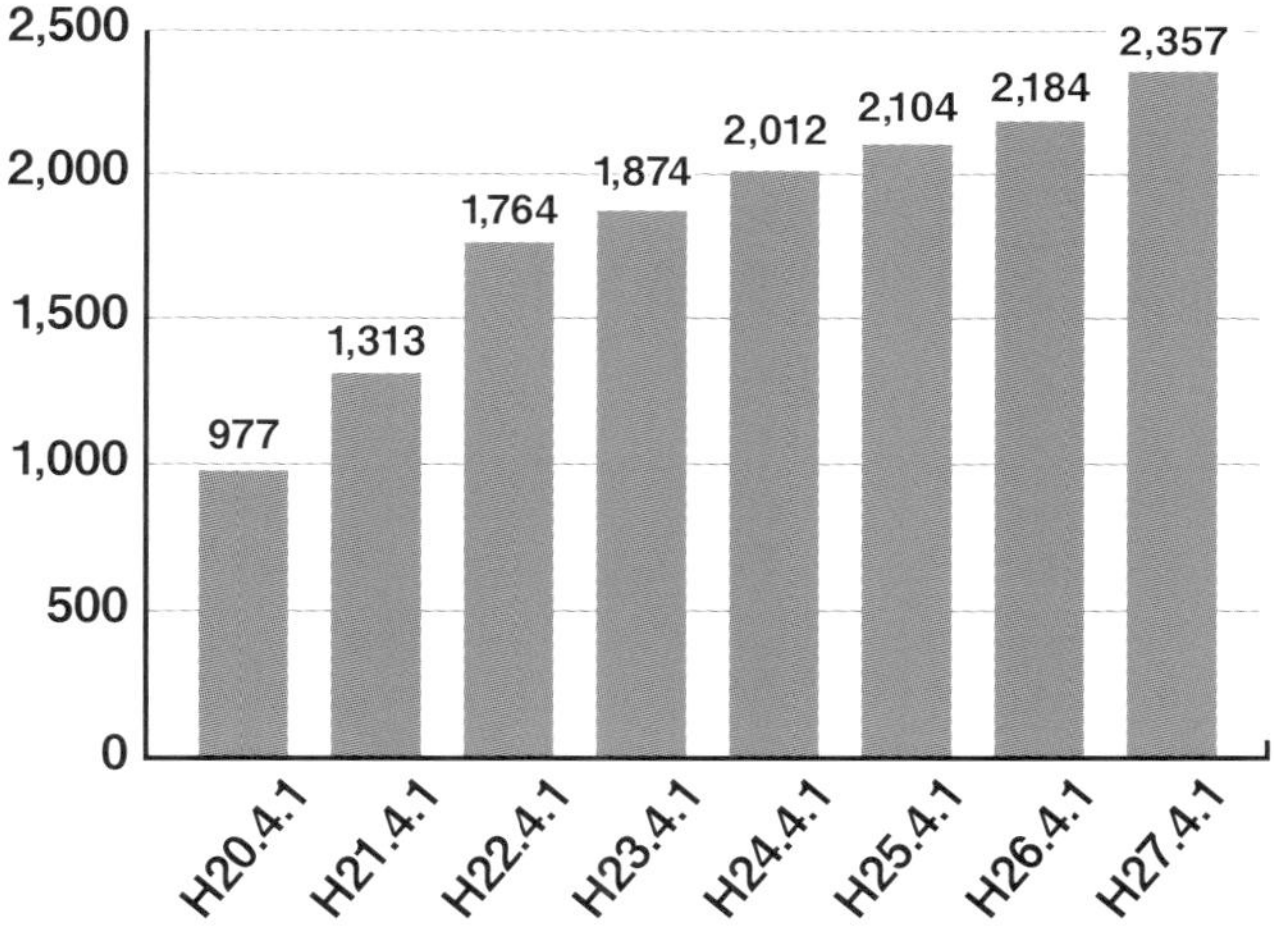

004

〝塗装〟で老朽化を防ぐ

橋などの構造物は、気温や降雨、太陽光（特に紫外線）などが原因で老朽化していきます。中でも鉄を材料に造られた鋼橋《こうきょう》の場合は、錆《さび》による腐食が老朽化の一番の原因です。

空気中に含まれる酸素と水分が、鋼材を腐食（錆）させます。酸性雨や海浜部での塩分は、腐食を早める効果が大きいのです。

腐食を身近にある鉄くぎでたとえてみましょう。釘を屋外に放置しておくと茶色くなります。これが錆びている状態です。この錆が広がった状態のままさらに釘を放っておくとボロボロになってしまいます。これが腐食です。釘と橋という大きさの差はありますが、先の写真のように鋼橋が崩壊しているのも基本的には同じ原理です。

つまり橋の老朽化や崩壊を防ぐには、鉄が錆びない（腐食しない）ように、何らかの対策を施す必要があります。

その対策の大きな部分を占めているのが〝塗装〟です。

耐候性《たいこうせい》・耐久性のある塗料を構造物（鉄）の表面に塗り、腐食原因の水と酸素から構造物を守る〝膜《まく》〟を形成します。実際に橋を間近で見ると分かりますが、そのほとんどに塗装が施されています。

005

他にもある塗装の役割

少し話はそれますが、本書の内容をより深く理解いただくために、塗装について少し専門的な説明をします。

塗装の役割は鋼材の保護だけでなく、塗料にさまざまな成分を加えることで、防《ぼう》錆《せい》効果をより高めたり、美粧を持たせたりすることもできます（図1‐8）。

塗装（塗料）の魅力は、対象物の形、厚さ、大きさ、重さなどに関係なく、ほぼすべてものに塗ることでき、さまざまな効果を得られることです。

さらに塗膜が劣化した場合、塗り直せばその効果は回復します。防食で言えば、塗り替えを行うことで、構造物を半永久的に腐食から守れるのです。

図 1-8 塗装の役割

塗料とは

**物体表面に塗るという容易な手段で
物体を保護し美粧を与えることができる材料**
（広辞苑から）

塗料の役割

保　護
- 金属の防錆
- コンクリートの劣化防止

美　粧
- 色彩
- 意匠
- 光沢（つや）

機能の付与
- 汚れ防止
- 防カビ、防藻、抗菌
- 張り紙防止
- 結露防止　など

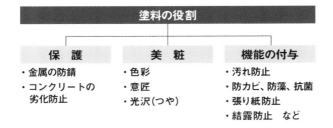

006

塗装も劣化する～塗装のメカニズム

塗装（塗膜《とまく》）は一般的に下塗り、中塗り、上塗りの3層から構成されています（図1-9）。

橋など鋼材で造られる鋼構造物《こうこうぞうぶつ》の場合、下塗りは錆止めの役割を果たします。中塗りの役割は、下塗りと上塗りをつなぐ効果があります。最後に上塗りです。この上塗りで、先に紹介した腐食因子《ふしょくいんし》を防ぎ、また、色やデザインにより見た目の美しさを演出する効果を担います。

鋼製の道路橋（以下、鋼道路橋）の劣化を防ぐ策として、今紹介したような塗装が行われてきました。メッキをしたり、耐候性鋼材《たいこうせいこうざい》を使ったりという方法もありま

図1-9 塗装のメカニズム

塗膜・塗装系の構成と役割

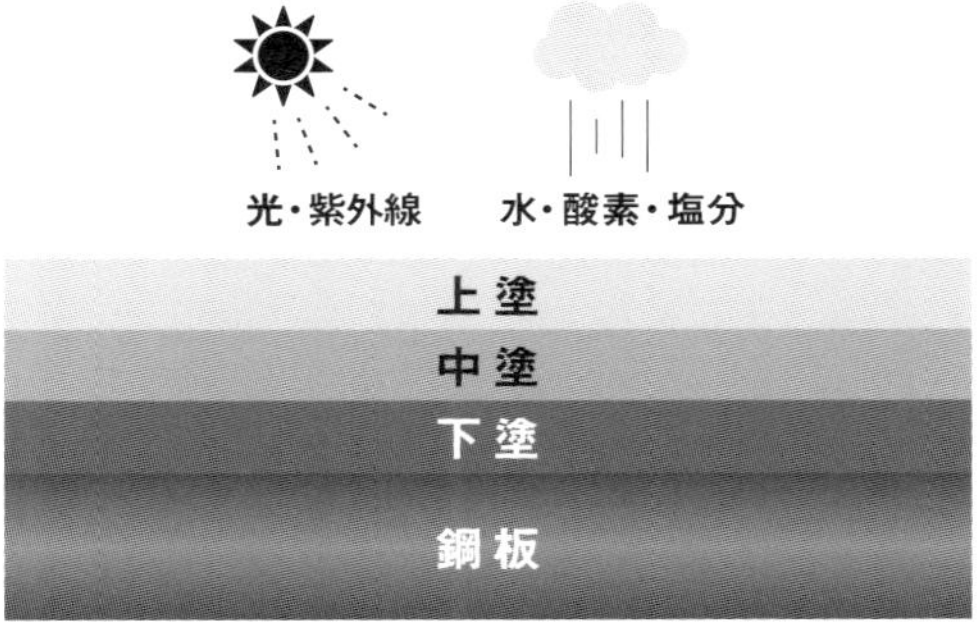

■ 上塗塗料

・耐候性がよい　・耐水性がよい　・仕上り性がよい

➡ 耐候性

■ 中塗塗料

・下塗と上塗塗料との付着性が良い

➡ 付着性

■ 下塗塗料

・防錆力が高い　・鋼板に対する付着性がよい

➡ 防錆性

塗装系は下塗、中塗、上塗塗料からなり
各塗料にはそれぞれの役割分担がある。

すが、塗装で防食するのが一般的であり、ほとんどでした。

しかし、先ほど説明したように塗装も劣化します。そのためある程度の時間が経過したら塗り替える必要があります。

これまで鋼道路橋で行われていた塗装は「一般塗装」という種類の塗装でした。極端に言えば、一般塗装は私たちが住んでいる住宅の外壁塗装のようなものです。そのため住宅の外壁と同じように10年もすれば劣化します。

つまり、ほぼ10年ごとに塗り直す必要がありました。

当然ですが、塗装の塗り替えを怠れば、中の家は朽ちていきます。

007 一般塗装の寿命は約10年

まず、橋の素材となる鋼材は工場で下処理が施された後、エッチングプライマー(ウォッシュプライマーとも言います)が塗装され、鋼材を橋に加工する製作工場に搬入されます。

ただ、この塗料はあくまで一時的な防錆塗料であり、その後鋼材を加工し橋桁《はしげた》などの大きな部材となった段階で、次の塗装を行います。製作工場で加工した鋼材に塗装工程の下塗りに該当する「鉛系錆止めペイント」の塗装を行います。この塗料もまだ下塗り段階です。

ここからは塗装系ごとに塗り重ねていく塗料や回数が異なります。

工場で造った橋の部材を現場で組み上げ、組み上がったら上塗り塗料との接着がよくなる中塗り塗料を塗り、その上に上塗り塗料を塗ります。

一般塗装系塗膜の寿命は約10年です。

つまり、このサイクルで再び塗装を行わなければ、鋼材の腐食が進みます。そのまま放っておくと冒頭で紹介した橋のように朽ちていきます。

10年という耐用年数が長いと考えるか、それとも短いと考えるかは橋の大小や置かれた環境にもよるでしょう。

ただ、塗料は防食効果がさらに長持ちするよう、また、環境や人体に優しい成分から作るよう改良が施されてきました。

こうした流れから誕生したのが「重防食塗装」です。

008 「重防食塗装」の寿命は50年以上

重防食塗装とはその名の通り、防食機能を高めた塗装です（図1-10）。一般塗装で使う塗料より格段に塗膜性能が良いものを使い、かつ、厚塗りすることで、一般塗装の4～5倍の耐候性・防食性を実現しました。一度塗れば50年以上は雨風に耐え、塗料も中の鋼材も腐食しません。

鉛系錆止めペイントに代わり、「ジンクリッチペイント」を防食下地として使用します。同塗料には金属である亜鉛の粉末が80～90％含まれていて、鋼道路橋だけでなく、船舶塗装の下地材としても使われています。

ジンクリッチペイントの防食効果は非常に高いのですが、塗膜そのものは75マイクロメートル（1マイクロメートル＝0・001ミリメートル）と薄く、亜鉛が鉄より先に腐食因子の水と酸素に反応して溶け出ることで鉄を守る機能があります。

下塗りはエポキシ樹脂系の塗料を使います。エポキシにはジンクリッチペイントの腐食因子である水・酸素・塩分の透過を抑制する効果があります。中塗りは、上に塗るふっ素樹脂とジンクリッチペイントは直接付着しにくいため、両塗料の接着剤の役割も担います。

エポキシ樹脂は太陽光（紫外線）に弱いという特徴がありますが、上塗りにふっ素樹脂を塗ることで防ぐことができます。ふっ素樹脂が優れた耐候性を持つからです。

一般塗装と重防食塗装で使われる塗料の違い（質）を記した表を示します。いかに重防食塗装が優れているかは一目瞭然です（図1‐11、図1‐12）。

厚みにおいても、一般塗装と重防食塗装ではかなりの違いがあります。一般塗装の場合は3層あわせて120マイクロメートル程度ですが、重防食塗装では平均し

図1-10 重防食塗装

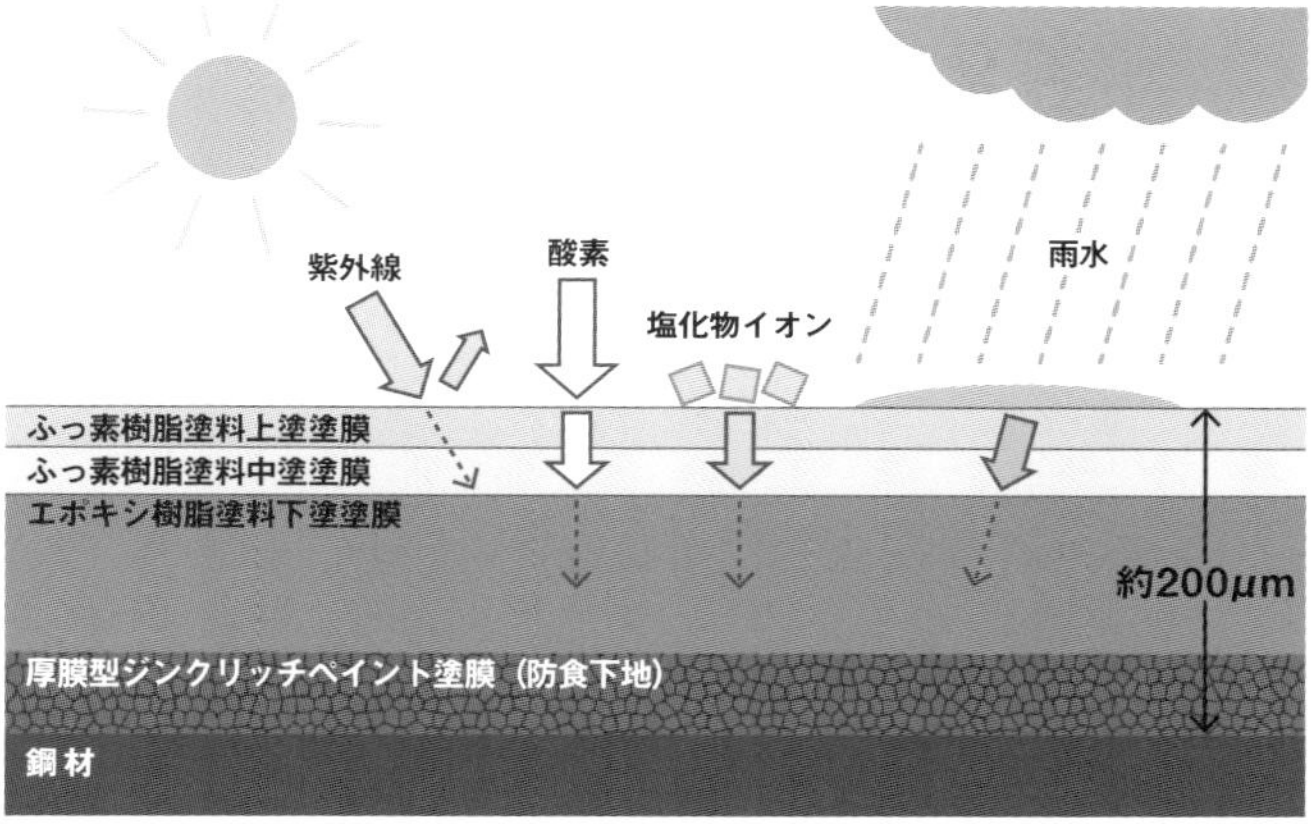

写真1-11 一般塗装と重防食塗装の違い①

	期待年数（年）		優← 防錆性 →劣			
			(10以上)	(10)	(5)	(2)
	下塗		厚膜型ジンクリッチペイント	ジンクリッチプライマー	長曝形エッチングプライマー	2種ケレン(St-3)
上塗	優↑	ふっ素	厚膜型ジンク エポキシ下塗 エポキシ中塗 ふっ素上塗			
		ウレタン	厚膜型ジンク エポキシ下塗 エポキシ中塗 ウレタン上塗	ジンクリッチプライマー エポキシ下塗 エポキシ中塗 ウレタン上塗		
	耐候性	塩化ゴム		ジンクリッチプライマー エポキシ下塗 塩化ゴム中塗 塩化ゴム上塗	エッチングプライマー 鉛系錆止め フェノールMIO 塩化ゴム中塗／上塗	
		フタル酸			エッチングプライマー 鉛系錆止め フタル酸中塗 フタル酸上塗	2種ケレン 鉛系錆止め フタル酸中塗 フタル酸上塗
	↓劣	エポキシ	厚膜型ジンク エポキシ下塗 エポキシ中塗 エポキシ上塗			
			重防食塗装	一般塗装		

て200マイクロメートルですから、重防食塗装では約0・2ミリメートルも塗膜があることになります。

重防食塗装のさらに上をいくライニング塗装の場合には、この厚みがさらに数倍となり、塗膜が1ミリメートル以上の場合もあります。

一般塗装の場合には塗り重ねていくことによる問題もありました。4回も5回も、何十年にもわたり一般塗装を塗り重ねていくと、塗膜が割れてしまう、という問題です（写真1－13）。

過去に塗った塗膜と最近塗った塗膜では塗料の分子構造の引っ張り合う力（凝集力《ぎょうしゅうりょく》と言います）に違いが生じるため、割れが起きます。

図 1-12 一般塗装と重防食塗装の違い②

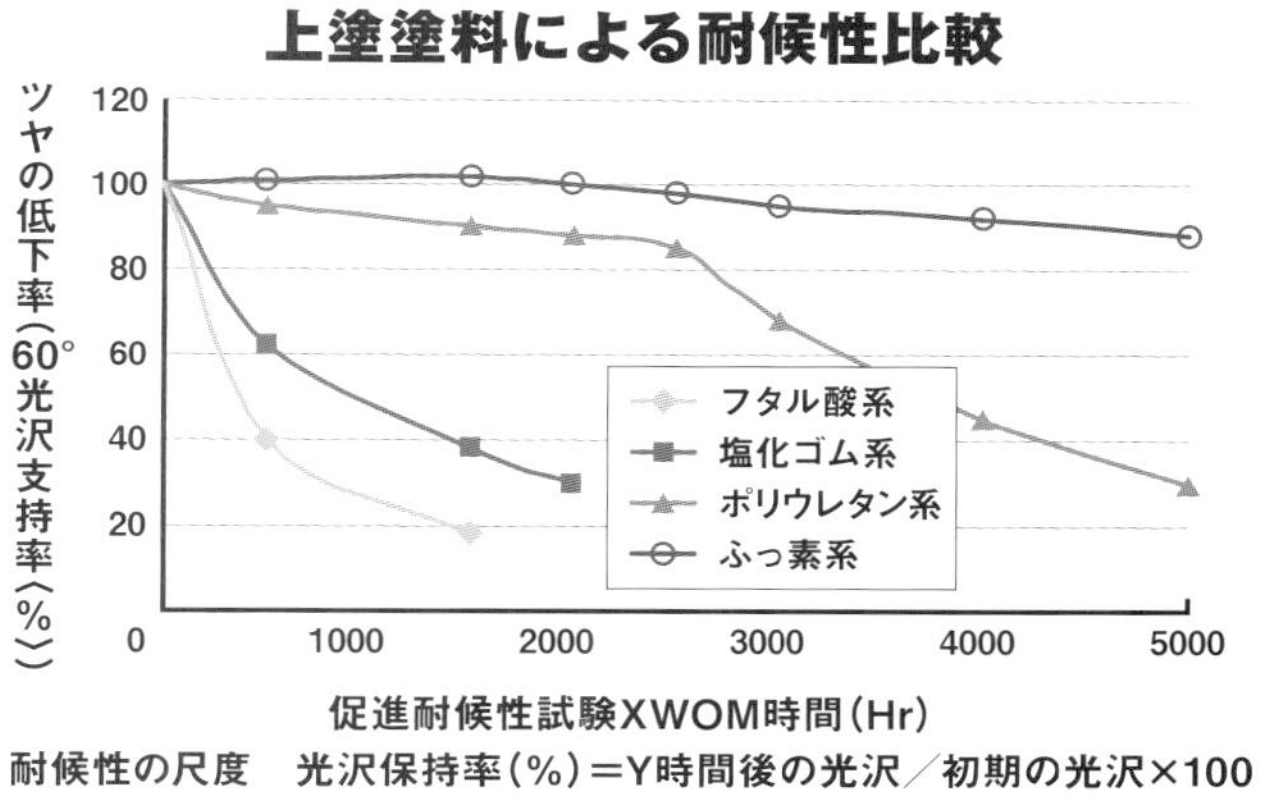

図 1-13 度重なる塗り重ねが原因で割れが生じた塗膜

009

一般塗装から重防食塗装に

　このように一般塗装と比べ、重防食塗装の方が防食性と耐候性が優れています。そこで２００５年以降の鋼道路橋の塗装においては、重防食塗装が原則となりました。

　ただしこの原則は、あくまでこれから新設する橋においての話です。

　実際、現場の塗り替え塗装では今でも一般塗装が多く行われています。重防食塗装は工事費用が高いと考えられているからです。

　一般塗装で塗り替え塗装工事を行う場合は、錆のある箇所を削りとる下地処理（素地調整）を行ったら、あとは今ある塗膜の上に塗装を重ねていきます。

一方、重防食塗装は、塗料の成分が一般塗装と違います。そのため、一般塗装を重防食塗装に塗り替えるには、今ある一般塗装塗膜をすべてはがす必要があります。また、塗料は一般塗装よりはるかに厚いので、塗料の量も作業員の（作業量）も増え、その結果、コストが高くなる傾向にあります。

重防食塗装の工事コストが高いのは事実です。ただし、これはあくまで1回の塗り替え工事におけるものです。重防食塗装は一度塗れば50年もちます。一般塗装よりも5倍もつ、ということです。長い期間で考えれば、重防食塗装で塗り替えを行った方がコストを抑えられます。長い期間でのコストについてはチャプター3で詳しく説明します。

もう1つ、技術的な問題もあります。現在塗られている塗膜をはがす作業が容易ではないことです。

技術的な問題以外にも、安全面での問題もあります。従来塗られていた塗料には有害物質が含まれています。一般塗装塗膜をはがす方法によっては、工事の際にその有害物質が作業員の体を蝕み、健康被害をおよぼします。実際、事故も起きています。

剥がした塗膜に含まれる有害物質の廃棄も問題です。環境への飛散も懸念されます。このように塗膜をはがす作業は一筋縄ではいきません。

ましてや、費用も一見しただけでは重防食塗装の方が高い。そのため多くの事業者が、従来の手軽な一般塗装で塗り替え塗装（保全）を行っているのが現状なのです。

しかし、社会インフラを正しく保全し後世に引き継ぐ。現在使っているインフラに塗られている有害物質が入った塗膜を適切に除去する。このことを考えれば、一般塗装を重防食塗装に変えることは必須です。

Chapter 2

塗り替え工事に潜んでいた罠

～古い塗料にはさまざまな有害物質が含まれていた～

チャプター1では、一般塗装から重防食塗装に塗り変えることが、社会インフラの老朽化を防ぐ策だと論じました。しかし実現には技術、コスト、有害物質の扱いなど、さまざまな問題があることも触れました。

本チャプターでは、古い塗膜にはどのような有害物質が含まれているのか。

また、その有害物質がどのような経緯で人体や環境に入り込んでいくのか。

そして、どのような被害をおよぼすのかについて解説します。

001 古い塗料に含まれるさまざまな有害物質

図2‐1を見てください。1971年の時点の鋼道路橋の塗装に使われた塗料の一覧表です。前処理の下塗りで使われている「エッチングプライマー」には鉛とクロムが、工場の下塗りに使われた「鉛丹《えんたん》錆止めペイント」や「鉛系錆止めペイント」には鉛が、「塩化ゴム系塗料」の一部にはPCB（ポリ塩化ビフェニル）が、それぞれ含まれていました。

これらの物質は人体や環境に害があるとされる有害物質であり、現在では使用が規制されているものがほとんどです。

しかし、当時建設された鋼道路橋の塗装ではふつうに使われていました。鉛には、鋼材の防錆力があるため、明治時代から使われていたものもあります。

また、塩化ゴム系塗料に使用されたPCBは、可塑剤《かそざい》として優れた機能を有していました。すなわち、これら有害物質とされるものも、当初はその優れた機能のために使われたもので、開発当時の技術者は、わざわざ有害物質を使用したわけではありません。

塗料そのものが悪の根源とは言いません。

しかし、従来の塗料には体や環境に害をおよぼす物質が含まれていた、というのが事実なのです。この図に載っている以外でも、カドミウムなど他の有害物質を含んだ塗料も使われていました。

なお、図の「A」や「C」は塗装や塗料の種類です。「A」「B」は一般塗装。「C」は重防食塗装。小文字は塗り替えを意味しています。

図 2-1 1971 年に行われた塗装工事の塗料一覧

鋼道路橋塗装便覧(昭和46年12月版)の一般塗装系

	新設			塗替	
塗装系	A－1	A－3	C－1	a－2	d－1
前処理	ブラスト＋エッチングプライマー	ブラスト＋エッチングプライマー	ブラスト＋ジンクリッチプライマー	3種ケレン＋鉛系さび止めペイント	2種ケレン
工場塗装	鉛丹さび止めペイント×2	鉛系さび止めペイント×2	HB塩化ゴム系プライマー	鉛系さび止めペイント＋長油性フタル酸樹脂系中塗＋長油性フタル酸樹脂系上塗	塩化ゴム系プライマー×2＋塩化ゴム系中途＋塩化ゴム系上塗
現場塗装	長油性フタル酸樹脂系中塗＋長油系フタル酸樹脂系上塗	長油性フタル酸樹脂系中塗＋長油系フタル酸樹脂系上塗	塩化ゴム系上塗×2		

002

塗膜の除去方法(はがし方)が問題

塗り替え塗装時の劣化した旧塗膜の除去方法も問題でした。塗膜をはがす方法は、大きく2つに分かれます。「物理的塗膜除去方法」「化学的塗膜除去方法」です。実際の塗膜の除去作業では2つの方法を併用する場合もあります。

物理的塗膜除去方法では、電動・手動も含めた大小さまざまな工具を使います。「ブラスト工法」「ディスクサンダー工法」が一般的です。

ブラスト工法では、大量の研削材《けんさくざい》を塗膜に打ちつけることで塗膜を破砕し、粉状にして除去します(図2-2、図2-3)。

ブラストマシンに大量の研削材を投入します。ブラストマシンは空気を送り出す

図 2-2 ブラスト工法

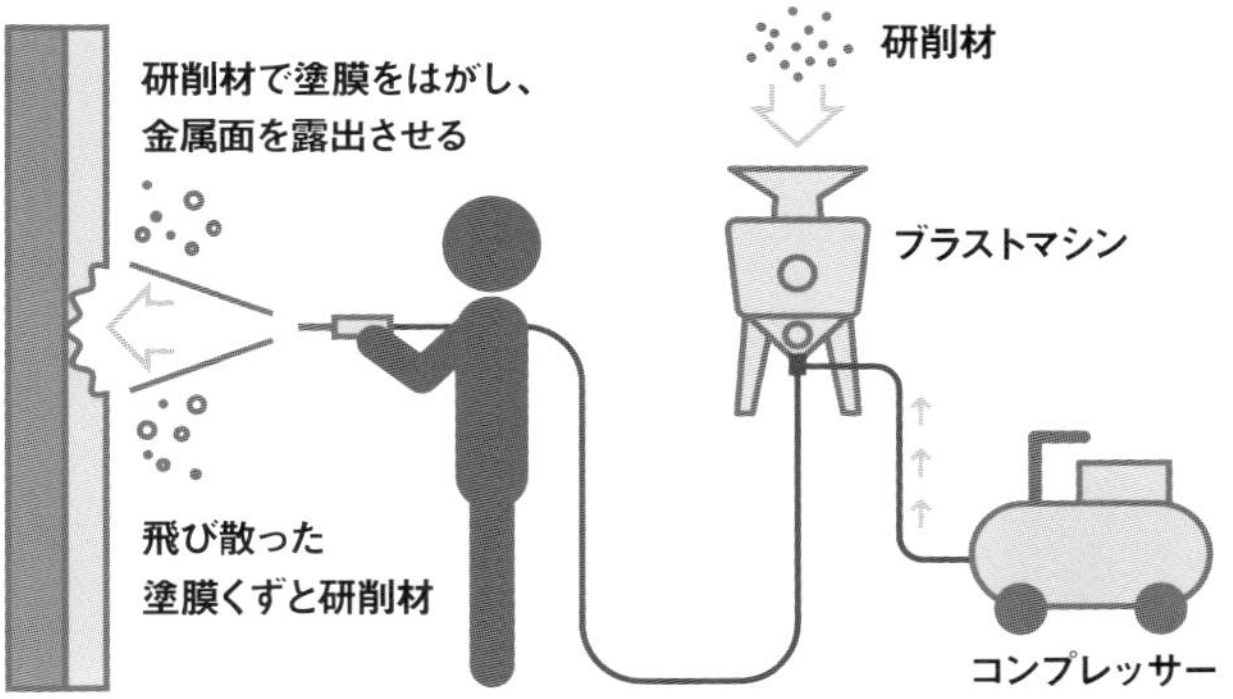

図 2-3 ブラスト工法による塗膜除去のイメージ

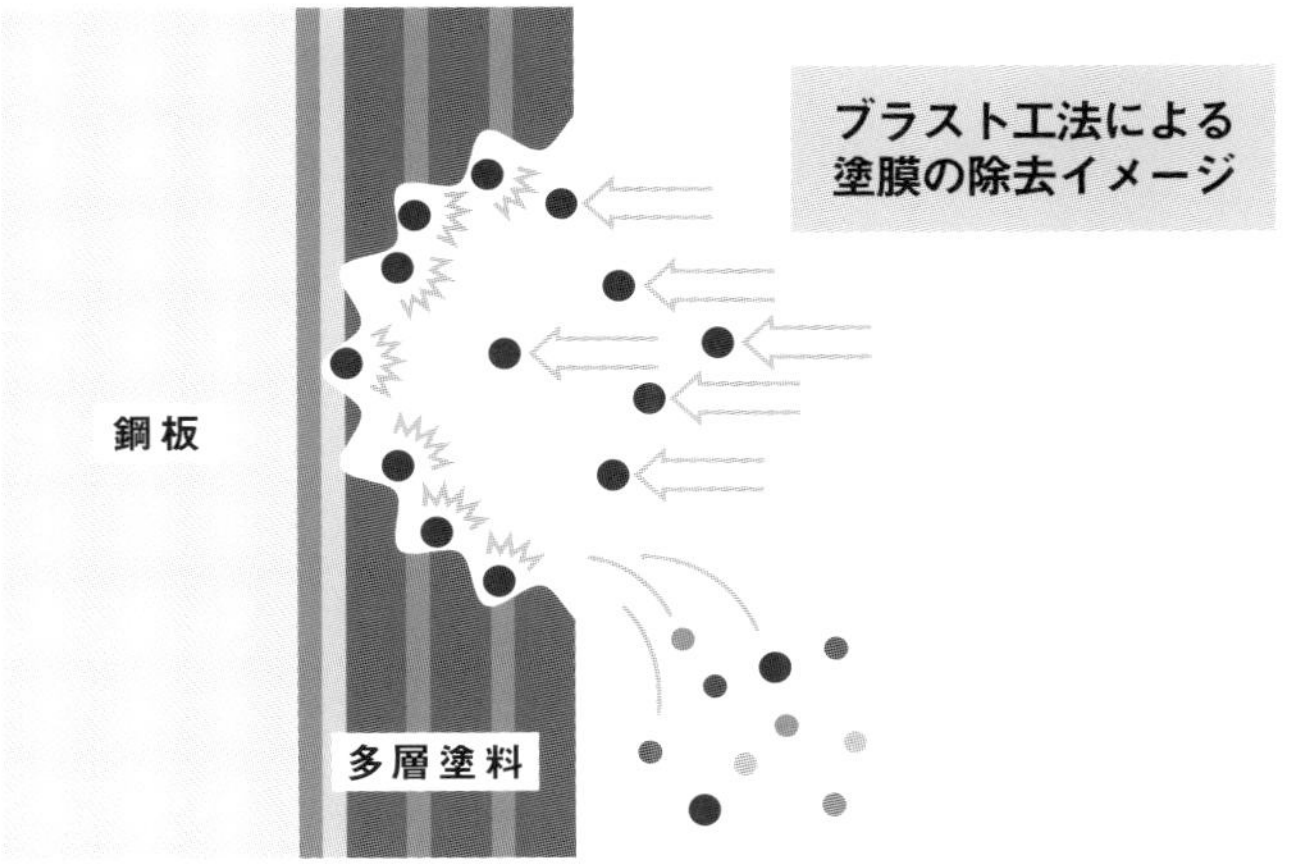

コンプレッサーと繋がっており、マシンに繋がるホースを通して、エアーの力で対象塗膜に研削材を噴射。研削材の衝撃で塗膜を破砕して除去する仕組みです。

ディスクサンダー工法は名前の通りです。街中にあるＤＩＹショップなどでも売っているディスクサンダーという小型の研磨機の研磨ディスクで塗膜を粉状にして除去します（写真２－４）。

ブラスト工法の場合、（塗膜の除去に加え、錆も除去できますが）大量の研削材が必要になります（写真２－５）。研削材を使用すると大量の粉塵《ふんじん》が発生するデメリットがあります。

粉塵や使用済研削材には、先に紹介したさまざまな有害物質が含まれています。そのため環境や作業員への安全対策として、板などで作業現場を完全に囲います。また、粉塵が近隣に飛散することを防ぐために作業場内を負圧にするための大掛かりな設備が必要になりますし、もちろんはがした後の古い塗膜やその塗膜がつい

写真 2-4 ディスクサンダー工法

写真 2-5 ブラスト工法

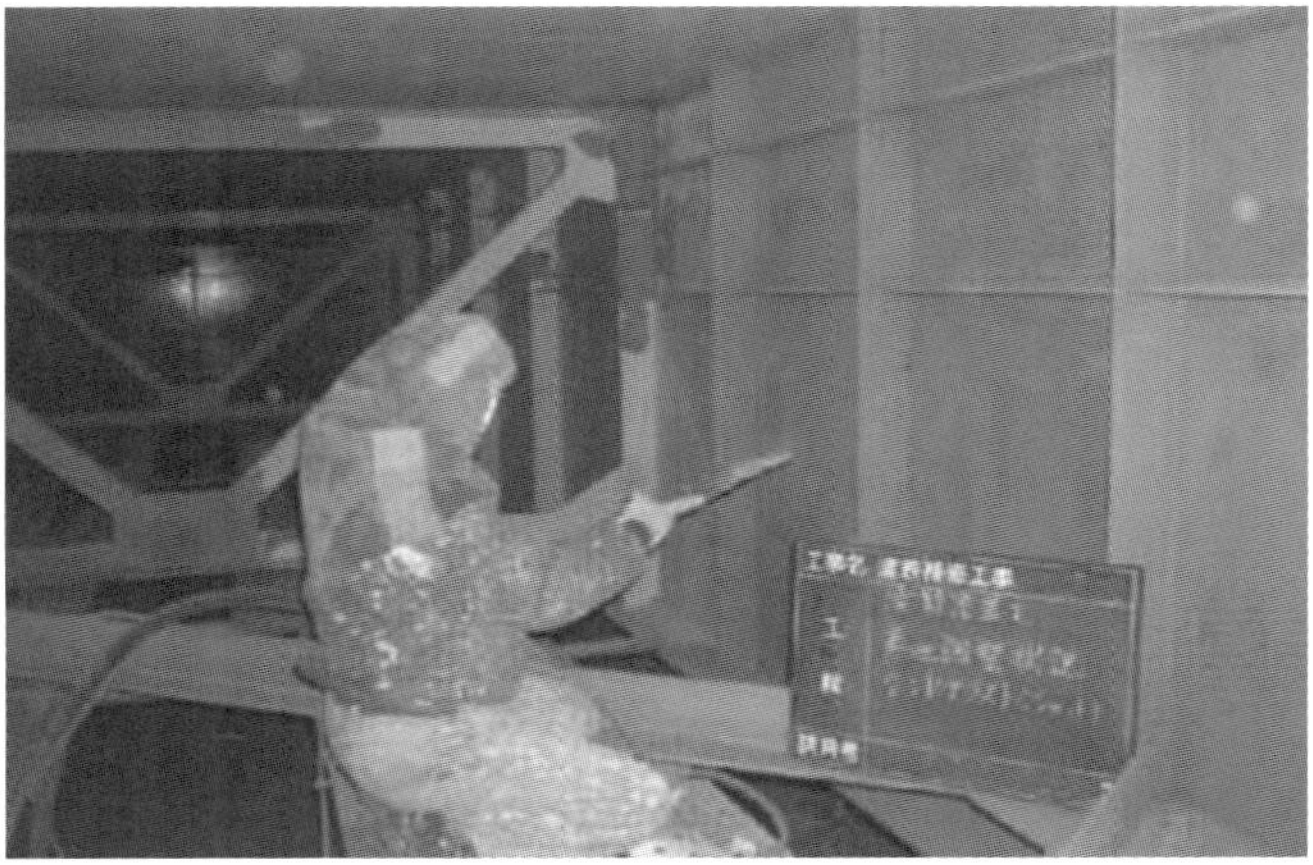

た研削材を適切に処理することも求められます。
ブラスト工法で使う研削材の量は、1平方メートルあたり約50キログラムにもなり、使用後にはさまざまな有害物質が付着した廃棄物となります。その処理費用は莫大な金額となります。

ブラスト工法を行うには、大掛かりな準備や設備が必要となります。コストも当然高くなります。川や海の上にかかっているような大きく長い橋の塗膜除去工事には不向きと言えるでしょう。

一方、ディスクサンダー工法では作業効率が悪く、同じように大きな橋の塗膜除去工事には適しません。

お気づきかと思いますが、橋が大きくなればなるほど、橋の架設環境が厳しくなればなるほど、塗装の塗替工事は困難を極めます。

003
ブラスト工法が引き起こす〝害〟

ブラスト工法やディスクサンダー工法を行う作業員は、現場の作業環境が正しく整備されていないと、生じた粉塵を口や鼻から体内に吸い込むケースがあります。その結果、先に紹介した有害物質が体内に入り込み、さまざまな害をおよぼします。中でも多いのが鉛中毒です。

実際、これまで数多くの現場作業員が鉛中毒の被害を訴えています。中には一度に大量に鉛中毒者が出たことで、ニュースになった事例（事故）もありました。

２０１４年４月に行われた道路高架橋の鋼製橋桁の塗替工事では、旧塗料に含まれた鉛を大量に含んだ粉塵を吸い込んだことで、14名もの作業員が鉛中毒を発症しました。

ただ、この事故にはある問題が潜んでいます。塗装現場で働く作業員にとって旧塗膜の除去はいつも行う〝慣れた〟作業だということです。そのため除去した塗膜に有害な物質が入っていることを軽視していたように思われるからです。実際、この事故の原因は作業員の不注意でした。

作業規定では、作業で使用した作業着には大量の有害物質が付着している可能性があるため、作業場の外や休憩室など別の場所に移動する際には、一度作業着をすべて脱ぐ、と決められていました。

しかし、ある作業員がこの手順を怠ったことで、作業着に付着していた鉛が本来あってはならない休憩室内に充満。結果として、先のような事故に繋がったとされています。

先に紹介したように、作業場から休憩室は隔離されていました。

しかし、実際には粉塵が外に漏れていたのです。

あるいは、作業中につけているマスクの性能が不十分であったり、マスクの装着が正しくなかったりしたため、マスクと顔の隙間から鉛を大量に含んだ粉塵が侵入し、口や鼻から体内に侵入するなど、有害物質が体内に入る原因は数多く見られます。

粉塵の量が多い現場では海中で使用する酸素マスクのような、マスクに直接新鮮な空気を送るエアラインマスクというタイプの防護マスクもあります。しかし、このエアラインマスクは重く、狭い作業現場では動きにくいといった問題もあるようです。

作業現場を囲いで覆っている上に粉塵が舞っている環境ですから、視界も最悪です。機械や研削材の噴射による騒音も大きいです。そのため作業員は意思疎通を行う際、マスクをしたままでのコミュニケーションが難しく、マスクをはずして作業する者も少なくないのが、実態のようです。

ただ、ブラスト工法を全否定するわけではありません。現場の簡易的な囲いではなく、完全密閉された部屋や工場で、空気循環や作業員の健康状況を常に把握しながら行えば問題ないでしょう。

本書のテーマである鋼道路橋の再塗装という屋外工事においては、くり返しになりますが、ブラスト工法は適切ではないと言えます。ブラスト工法は鋼材面の錆や塗膜は完全に除去できますが、鋼材表面が活性化されるため、空気中の水分（水蒸気）によって、鋼材にすぐに錆が生じます。それを避けるためには、ブラスト処理後4時間以内に第1層目の塗料を塗らなければなりません。

粉塵が舞っている中で塗料を塗ったところで、良質な塗膜にはなりません。国（厚生労働省）はこのような事態や事故を受け、鉛を含む塗料のはく離作業の際には、粉塵が舞うブラスト工法ではなく、はがした塗膜が飛散しない化学的塗膜除去方法（湿式）を原則とするよう定めました。

004 六価クロムの害

クロムの害についても少し触れておきます。本来、クロムは無害の物質で、鋼の耐食性を高める合金として重宝されてきました。クロムを13％以上含んだ鋼はステンレス鋼と呼ばれます。皆さんご存知の錆びにくい鉄、ステンレス鋼です。

クロムは錆に強いという特徴を持ちますから、先に紹介したように防錆顔料としても使われてきました。ところがこの無害で有益なクロムが、六価クロムになると強い毒性を持ちます。

たとえば六価クロムが溶け込んだ水を飲むと嘔吐の症状が出たり（六価クロム化

図2-6　六価クロムが人体におよぼす害

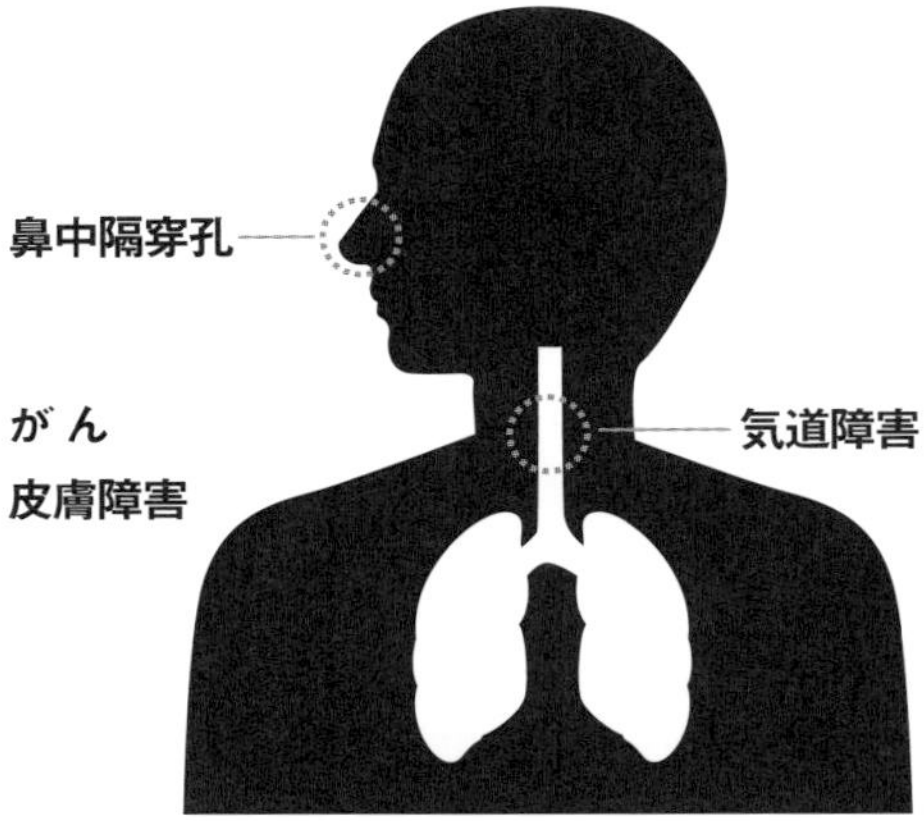

合物のうち、水溶性のものは気道や皮膚から速やかに血液中に移行し、肝臓などに取り込まれる。早期に尿から排出されるのは40%）、皮膚や粘膜に付着すると皮膚炎や腫瘍を引き起こしたり、鼻から吸い込むと、鼻腔を左右に隔てる鼻《び》中《ちゅう》隔《かく》に穴を開けたり（穿孔《せんこう》）します。

水に溶けにくいクロム酸鉛などを長期的に吸い込めば、肺も含めた呼吸機能に異常をきたし、最終的には肺がんを発症すると言われます。過去には六価クロムを取り扱う工場で肺がんや鼻中隔穿孔が多発したこともあります（図２-６）。

005

湿式工法も問題だらけ

化学的塗膜除去方法（湿式）とは、はく離剤を使う工法です。既存の塗膜面に刷《は》毛《け》などを使い、旧塗膜をはがす効果のあるはく離剤を塗ります。

あるいはエアスプレーなどで同じくはく離剤を吹きつけ、しばらく待ちます。すると化学反応により既存の塗膜がはがれ落ちる、という仕組みです。

こうして文章で説明すると先の物理的塗膜除去方法に比べ、とても簡単に作業が行えるように感じます。ところが実際の現場ではそんなことはありません。はく離剤にもよりますが、大抵ははく離までの時間が1時間ほどと短く、作業員は塗ったらすぐに除去しなければならず、とにかく慌ただしいからです。

これは、従来のはく離剤に使われていた主成分の溶解性ならびに揮発性が高いからです。揮発性が高いということは、すぐに乾いてしまうということです。

つまり、はく離剤を常に塗らなければなりません。揮発性が高いため3層ある塗装の中塗り、下塗りといった下の層まで浸透しません。塗ってははがし、また塗ってははがす。この作業のくり返しですから、作業員の負担は増すばかりです。

また、化学反応により既存塗膜がはがれ落ちる、と説明しました。しかし、はく離剤の成分は基本、塗料を溶かす溶剤です。つまり、はく離というよりは単に塗膜を溶かしているだけ。言い方を変えれば、塗膜を単に塗料に戻しているだけなのです。

そのため、これまでのはく離剤によってはがれた塗膜は、ベタベタの状態になり、まるでチューインガムのようになりました。はがすというより〝溶かす〟感覚であり、作業員の工具や手はもちろん、他のものにもくっつきやすいなど、はがした後の扱いも厄介でした。

006 はく離剤にも有害物質が含まれていた

ブラスト工法と同じように人体や環境への影響は湿式除去方法でも懸念されます。旧塗料に含まれる有害物質をはがす、という作業は同じだからです。

それだけではありません。湿式工法の場合は、はく離に使う薬品にも有害物質が含まれている場合があります。

今までのはく離剤は、主成分としてジクロロメタン（または、塩化メチレン、メチレンクロライドなど）という塩素系有機溶剤が多く使われてきました。塩素系有機溶剤とは分子構造に塩素を含んでいるもので、溶解力・脱脂力が強く、燃えない（不燃性）などの特徴があります。

しかし、人体、環境などに良くないことが徐々にわかってきました。

人体に対しては発がん性が疑われています。そのため日本だけでなく海外も含めた国際的ながん研究機関の調査対象物質となり、実際、発がん性の疑いがあり、という結果が出ています（図２‐７）。

そのため国内では、発がん性の恐れがある物質として、労働安全衛生法の特定化学物質障害予防規則（特化則）により、「特別管理物質」と定められています。

特別管理物質は、作業記録の作成、健康診断結果の記録の30年間の保存、有害性などの掲示の措置が必要となっています。同じように有害な化学物質の環境への排出に関する法律「ＰＲＴＲ法」でも監視されています。

図 2-7 発がん性の疑いがあるジクロロメタン

主要な機関による対象物質の発がん性評価一覧

機　関（年）		分　類
WHO	IARC (1999年)	**2B** ヒトに対して発がん性があるかもしれない。
EU	EU (1993年)	**3** ヒトに対する発がん性が懸念されるが、それについて評価を行うための有効な情報が十分ではない物質。
USA	EPA (1995年)	**B2** 動物での発がん性の十分な証拠に基づき、恐らくヒト発がん性物質。
	ACGIH (1996年)	**A3** 動物に対して発がん性が確認されたが、ヒトへの関連性は不明な物質。
	NTP (2002年)	**ー** 合理的にヒトに対しての発がん性のあることが懸念される物質。
日本	日本産業衛生学会 (1999年)	**2B** 人間に対して恐らく発がん性があると考えられる物質のうち、証拠が比較的十分でない物質。
ドイツ	DFG (2000年)	**3A** ヒトの発がん性物質として証拠は不十分であるが、現行の許容濃度未満では発がん性が問題とならないと考えられる物質の候補。

007

発がん性物質「ジクロロメタン」の問題点

ジクロロメタンは、主にメッキをする前の脱脂剤として広く使われてきました。脱脂剤としての性能が優れているため使用禁止にはできません。この様な工場内で使われる分野では、廃ガスを回収し大気に発散させない技術開発が進められています。

元々、ジクロロメタンは揮発性が高く、空気中に分散する特徴があります。空気中に分散したジクロロメタンは蒸気となり、水に若干解けるため、近くに池などがあると水中に溶け出す危険があります。

実際、２００５年に北海道で事件が起きています。

浄水場内の施設の塗装塗替工事の際、ジクロロメタンが主成分のはく離剤を使用しました。薬剤が直接水に入ったわけではないようですが、気化した成分が浄水場内の水に溶け込んだのでしょう。

その後、ジクロロメタンを含んだ水は水道管を通って住民に供給されてしまいました。しばらくしてジクロロメタンの混入が発覚したため、自治体が慌てて水の使用を控えるよう住民に注意喚起した、というものでした。

また、ジクロロメタンには麻酔作用があるため、中枢神経を侵す恐れがあります。短時間に一気に吸い込むと中毒症状を起こします。慢性的に吸い続けると肝臓の機能に障害が出ることも分かっています。

このように、化学的には優れた機能があるけれど、有害性が高いので十分配慮した使用方法が求められる化学物質です。したがって、大気に直接発散する塗り替え塗装工事のような使い方には向きません。この様な典型例がはく離剤でした。

もう1つ、旧塗膜は塗膜自体に有害物質を含むだけでなく、塗料に使っていた有機溶剤に「トルエン」や「キシレン」といった有害物質を使っていました。これらの物質が塗膜の除去の際に空気中に発散する、という問題もあります。

008

ＰＣＢに汚染された橋が減らない理由

ＰＣＢを含んだ塗料は１９６０年代後半から約10年間製造されました。まさに冒頭で紹介した塗装による長寿命化が求められている、高度経済成長期に建設された数多くの構造物に使われていることが推測できます。

また、塩化ゴム系塗料以外にも、同時期に製造された塗料にはＰＣＢが含まれている疑いがあります。同じ製造ラインで、他の塗料も作っていたからです。

実際、ＰＣＢを含む塗料が塗られた道路橋は各地で見つかっています。１９８８年、津軽大橋の塗り替え塗装工事を行った際にＰＣＢが検出された、と報道されたのがきっかけでした。

この報道を受け国（建設省）は、全国各地のＰＣＢが使用された可能性のある塩化ゴム系の塗料を塗装した橋梁の塗膜についてＰＣＢの有無を調査しました。その結果２３５の橋からＰＣＢが検出されました。

調査結果を受け、ＰＣＢを含む鋼道路橋の旧塗膜除去工事の際には、ブラスト工法やディスクサンダー工事で被害が生じないよう、注意喚起されました。

しかし、その後に起きた阪神・淡路大震災の復興事業やはく離したＰＣＢを含む塗膜の処分方法が明確に確立されていなかったため、対策は徹底されませんでした。その結果、ＰＣＢを含む塗料の処理は後回しにされました。

２００７年、再度全国の橋をチェックしたところ、ＰＣＢを含む塗料が塗られた橋の数は２８１に増加していました。このような流れを受け、現在、再塗装工事を行う際には、事前に必ず塗膜を採取し、ＰＣＢはもちろん先の鉛なども含めた有害物質の有無を調べるよう注意喚起しています。

なお、ＰＣＢや鉛が環境や人体におよぼす害については、医学博士の秋野公造さんとの鼎談（チャプター５）で詳しく説明しています。

Chapter 3

「インバイロワン工法」という選択

～なぜ、はく離剤なのか～

チャプター3ではいよいよ本題、従来の塗膜除去に関するさまざまな問題を解決する「インバイロワン工法」について詳しく紹介していきます。

チャプター1では、私たちの身のまわりには高度経済成長期に建てられた数多くのインフラがあり、そのインフラのメンテナンスが喫緊《きつきん》の課題であること、解決のためには塗装を従来の「一般塗装」から次世代の「重防食塗装」にする必要があると述べました。

ただその塗替が困難を極めること、作業環境の劣悪さや、はがした古い塗膜には環境・人体に有害な物質が大量に含まれることを続くチャプター2で説明しました。これから説明するインバイロワン工法であれば、これらの問題をすべて解決できます。

001
インバイロワン工法とは

チャプター2で紹介したように、古い塗膜の除去方法は大きく分けて2つあります。1つ目は物理的方法、2つ目ははく離剤を用いた化学的方法です。インバイロワン工法は後者、はく離剤を用いた湿式の化学的塗膜除去技術になります。

「インバイロワン」の語源はenvironment（環境）＋one（1番）です。はく離剤のインバイロワンを使う工法ですから、インバイロワン工法と名づけました。従来のはく離剤とは、作業効率、環境負荷、作業員負担、コスト面など、大きく上回る性能を持っています。図3-1を見ると、インバイロワン工法は、このすべてを満たしていることが分かります。

まずは技術的要素である、はく離性能から説明していきます。

従来の塩素系溶剤を使ったはく離剤では、塗膜がチューインガムのようなドロドロの状態となり扱いづらく、一層ずつしかはがせないため、非効率でした。

一方、インバイロワン工法では、このような問題は起きません。浸透性が高いため、再塗装が何度も行われた多層塗膜でも、深部にまで浸透します（図3－2）。はがれた塗膜の状態も、従来のはく離剤のとは大きく異なります。インバイロワンではがした古い塗膜はシート状になり、スクレーパーで簡単にはがせます（写真3－3、3－4）。中には写真3－4のように、塗膜の重みで自然にはがれ落ちるケースもあるほどです。その後の処理が容易なのは明白です。

しかも、よほど厚く何層にも重ね塗りされている場合を除き、基本は一度塗りですべての塗膜を除去できるのです（厚さ500マイクロメートル〈0・5ミリメートル〉までの多層塗膜であれば、概ね一度の塗付で除去可能）。

図 3-1 はく離剤に必要な要素

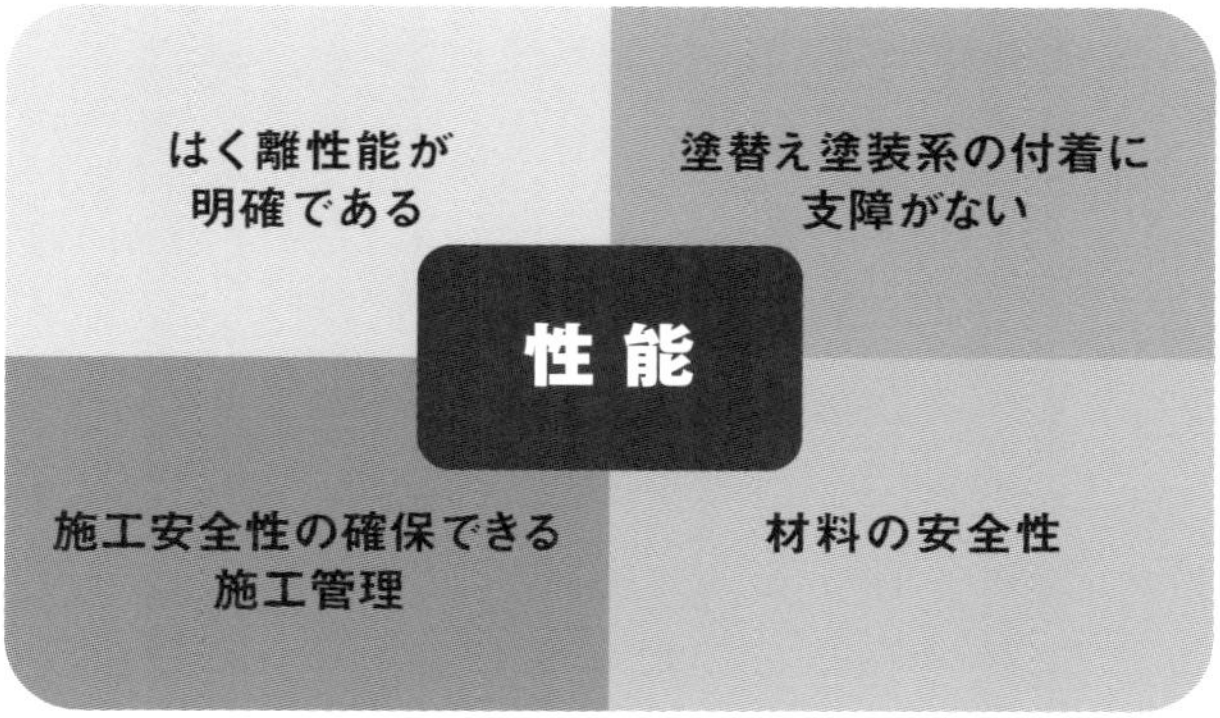

図 3-2 多層膜の深部に浸透させ一気にはがす

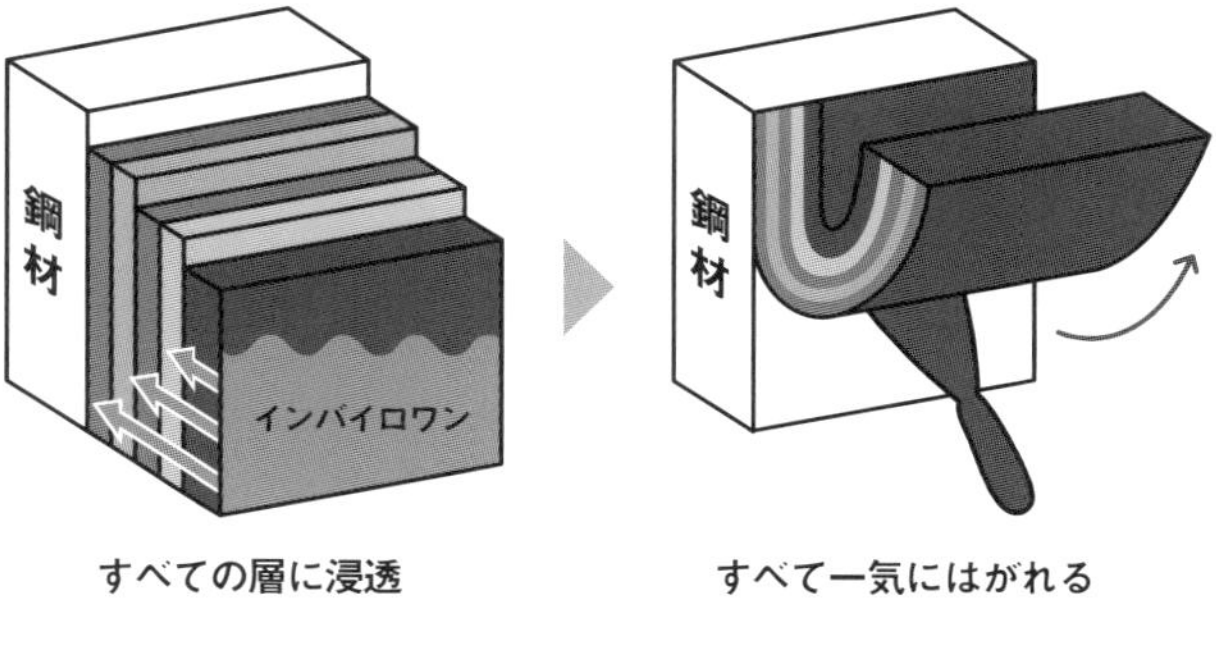

写真 3-3 はがれた塗膜はシート状になる

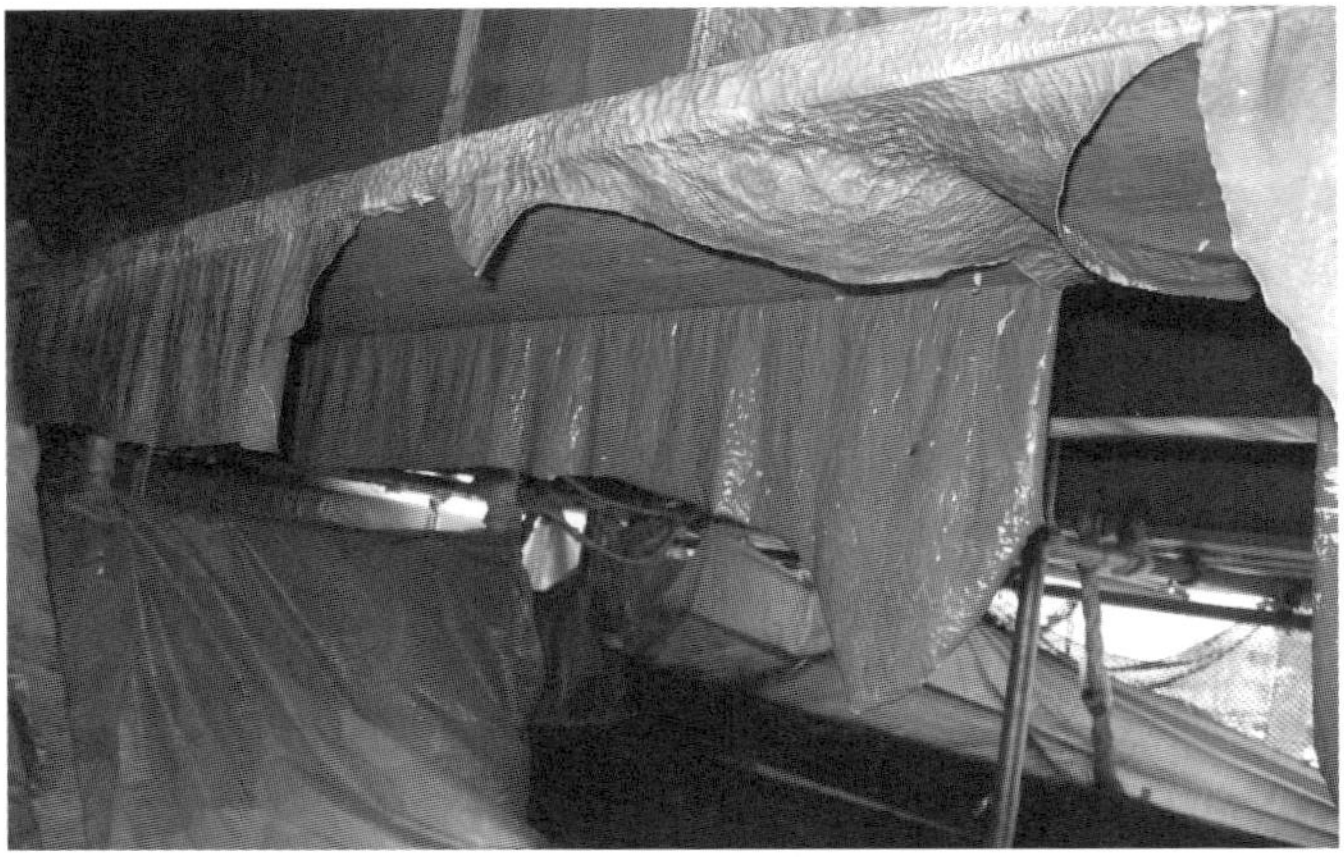

写真 3-4 スクレーパーで簡単にはがせる

002

24時間でじわじわと浸透

従来のはく離剤が一層ずつしか塗膜をはがせないのは、塗料に含まれる成分によるものです。塗膜面はフタル酸樹脂塗料、塩化ゴム系塗料、エポキシ樹脂塗料など異なる成分が重なり合って構成されていますから、それぞれ溶解性が異なります。従来のはく離剤は、その違いに対応できていませんでした。すべての塗膜を溶解する成分がなかったのです。

また、はく離剤の揮発性（乾きやすさ）が高いことも問題です。揮発性が高いと、他の層に浸透する前に、蒸発してしまうのです。

一方、インバイロワン工法は、一度塗ったら温度や湿度などにより多少の差はありますが、一度塗るだけで塗膜の層すべてに効果を発揮し、24時間後に塗膜すべてをはがす工程に入れるのです。24時間というと従来のはく離剤に必要な時間よりもはるかに長い〝待ち時間〟です。しかし、この時間がポイントなのです。

インバイロワンの成分については後ほど詳しく説明しますが、揮発性の低い成分を主成分としました。その結果、溶剤がじわじわと塗膜内部に浸透していき、塗膜を確実に溶解します。溶解というといかにも何かを溶かすイメージですが、インバイロワンの場合は、〝可塑《かそ》〟と説明した方が正確です。溶かすというよりは塗膜の細部に浸透し、物質を構成している凝集力《ぎょうしゅうりょく》という分子間の力を緩める働きがあるからです（図3-5）。

少し専門的な話になりましたが、ここでのポイントは、インバイロワンを使うと旧塗膜が扱いやすい、柔らかな状態に変化するということです。

さらに、その柔らかくはがれやすくなった旧塗膜の状態が長続きします。このあたりの詳しい話は、チャプター4の開発秘話で改めて触れます。

図 3-5 分子間の凝集力を緩める

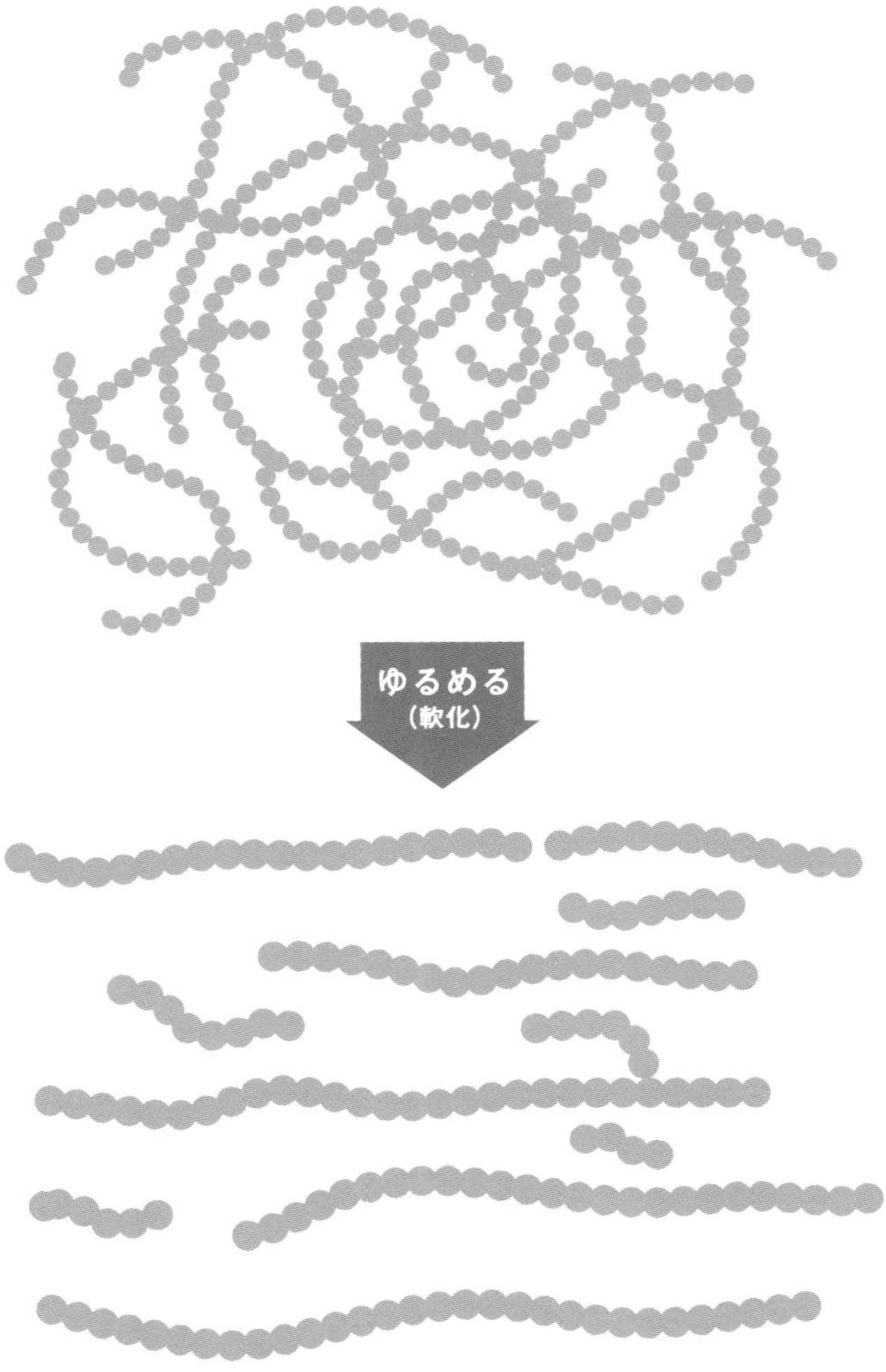

はく離剤による塗膜除去は、私たちがふだん行っている洗濯のようなものです。衣服が構造物で、洗剤がはく離剤です。ひどい汚れを落とすためには強い洗剤が必要ですが、強すぎては衣服も含め、環境や人体に害をおよぼします。

しかし、洗剤力が弱すぎると衣服はきれいになりません。ちょうど良い加減、汚れと繊維の間に洗剤が入り込み、汚れを衣服から浮かびあがらせるような、そんな洗剤が日々研究開発されています。

インバイロワンの塗膜をはがすメカニズムも同じです。〝適度な頃合い〟で、塗膜をはがしていきます。

003

脱3Kで作業員にも優しい素材

塗膜がゆっくりはがれていく工法は、現場ではく離作業にあたる作業員にとってもうれしいものでした。従来のはく離剤と違い、手間や疲労度が軽減されたからです。

先に説明しましたが、従来のはく離剤ではすぐに塗膜がはがれてしまうため、塗ってははがし、塗ってははがしのくり返しでした。

作業員の苦労は、全塗膜を一気にはがせるブラスト工法でもありました。ブラスト工法では、塗膜と錆を除去した後、鋼材が活性化してしまうため、塗膜を除去した後から4時間以内に防食下地を塗らなければならない、という規定があるからです。

つまりブラスト工法では、ある一定区画をはがしたらすぐに防食下地のジンクリッチペイントを塗る。次の区画に移動し、同じ作業を行う。このくり返しになります。

先に説明したようにブラスト工法は囲いやブラスト装置など、大掛かりな環境や装備を必要とし、それらの移動だけでも相当な手間であることが想像できます。ましてや作業に必要なバキュームやディスクサンダーはかなりの重さです。はがした旧塗膜は大気中に舞い、その中には有害物質が大量に含まれています。キツイ、汚い、危険が伴う3Kの仕事でもあったのです。

年配の作業者は体力的にも厳しいでしょう。若い人が3K仕事を好まないことは説明するまでもありません。このような理由から塗装工事、特に塗膜除去作業は敬遠されてきました。そのため従来の塗膜除去方法では人員不足、という問題もありました。

インバイロワン工法であれば、時間に追われることはありません。はがすのは、

写真 3-6 エアスプレーによる塗付

図 3-7 スクレーパーによる旧塗膜除去のイメージ

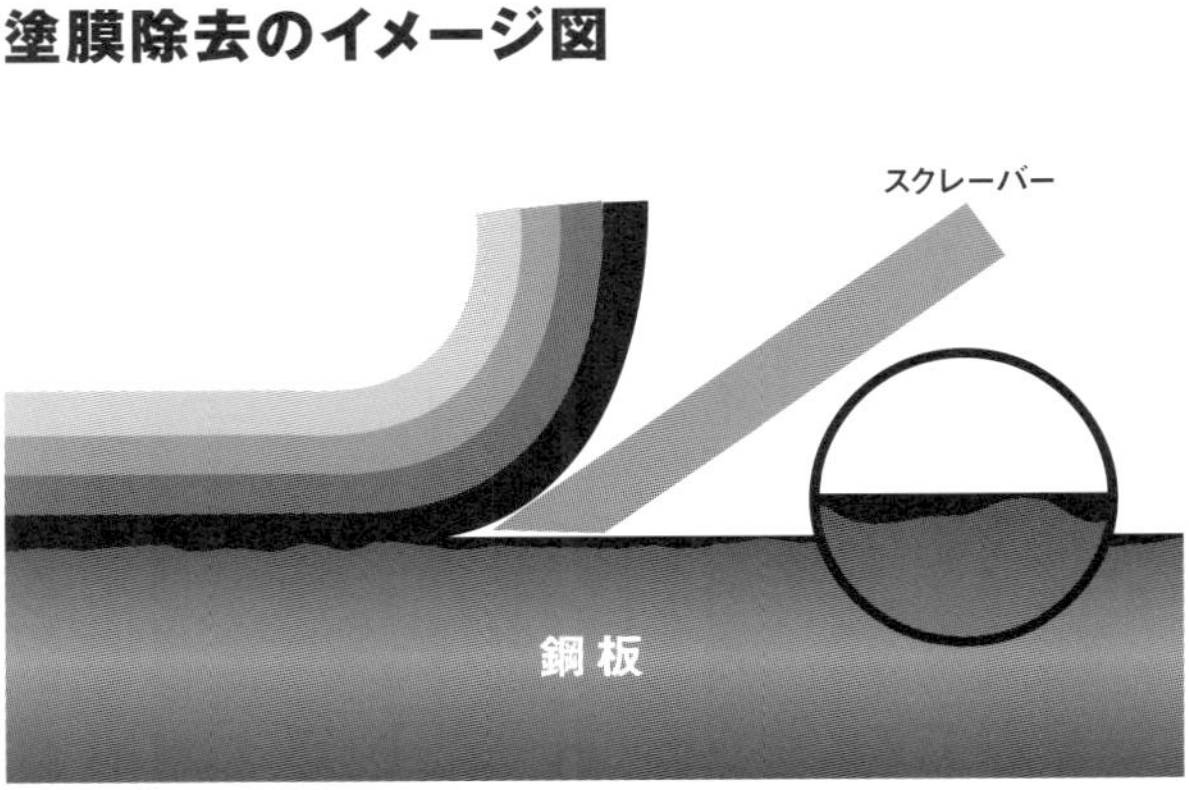

はく離剤を塗ってから24時間後だからです。正確には、はく離剤を塗布した翌日に旧塗膜をはく離する、という流れになります。

作業に使う工具・機械類も作業員の苦労を軽減しました。はく離剤を塗る際は、塗装で用いるエアスプレーを使いますから、ブラスト工法で使用するホースに比べはるかに軽量です（写真3－6）。場所によっては刷毛塗りの場合もあります。刷毛とディスクサンダーの重さの違いは明らかです。

そしてはがす際は先ほど紹介したように、スクレーパーと呼ばれる手持ち工具で、旧塗膜は簡単にはがれます（図3－7）。スクレーパーの重さは大きさにもよりますが、重くても数百グラムです。

004 安全性①～粉塵、騒音が激減

インバイロワン工法は、安全性の高い塗膜はく離工法です。インバイロワンではがした旧塗膜はシート状にはがれるため粉塵がほとんど出ず、旧塗膜に含まれる鉛やPCBといった有害物質が大気に舞うことはありません。

ブラスト工法やディスクサンダー工法に比べると、インバイロワン工法で出る粉塵の量は約2000分の1という少なさです。騒音に関しても大掛かりな機械を動かすわけではありませんから減少します（図3-8）。

図3-8 粉塵や騒音が軽減

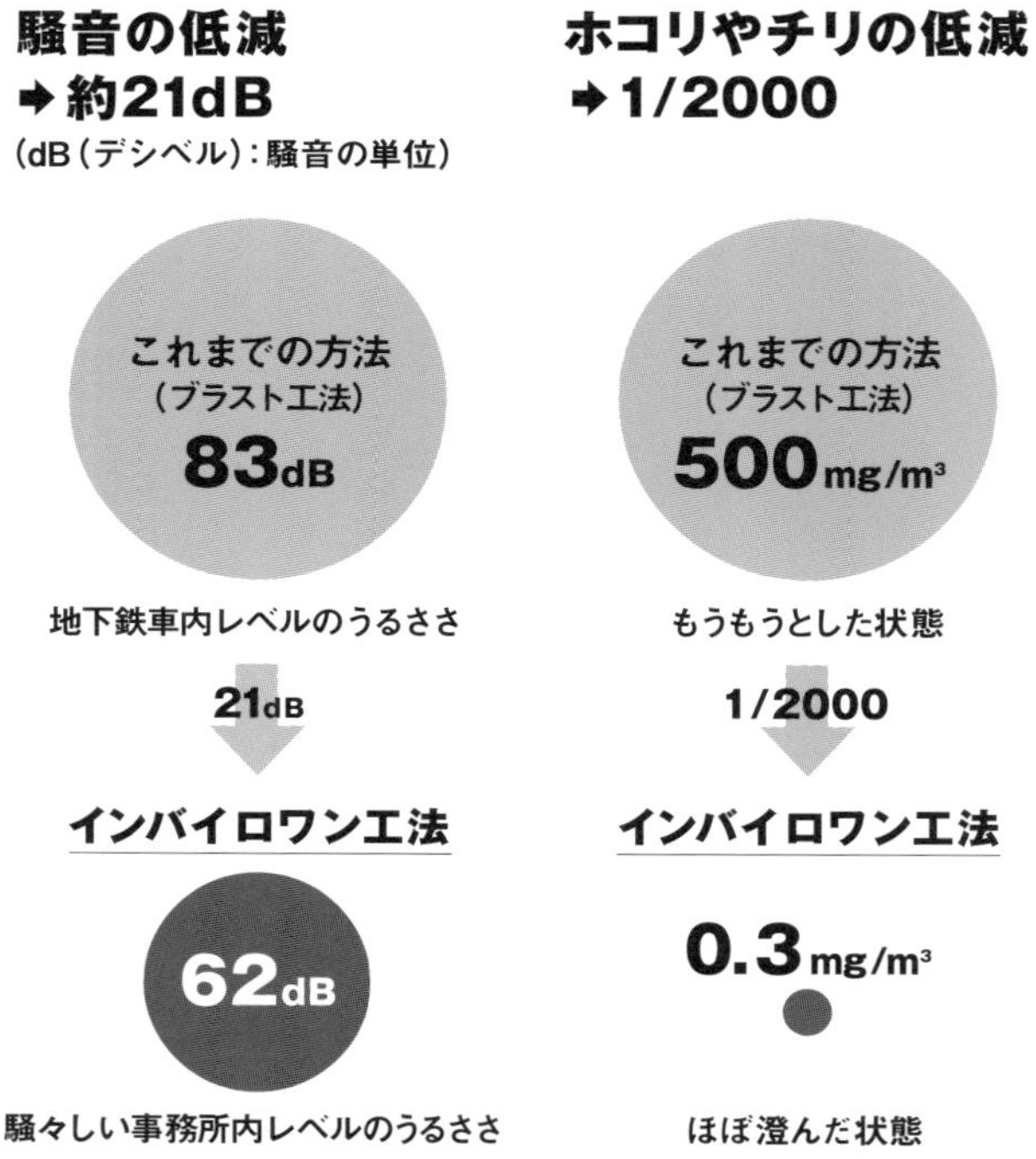
騒音の低減
➡約21dB
(dB(デシベル):騒音の単位)
これまでの方法
(ブラスト工法)
83dB
地下鉄車内レベルのうるささ
21dB
インバイロワン工法
62dB
騒々しい事務所内レベルのうるささ
ホコリやチリの低減
➡1/2000
これまでの方法
(ブラスト工法)
500mg/m³
もうもうとした状態
1/2000
インバイロワン工法
0.3mg/m³
ほぼ澄んだ状態

005
安全性②～回収が容易

はがした塗膜の回収も容易です。専用バケツなどに入れ、回収した塗膜は指定された廃棄物処理場に運びます。あとは焼却すれば処理は完了です（写真３‐９）。

ＰＣＢは高温で焼却するしかありませんが、鉛やクロムといった金属は正しく使えば価値ある金属であり、回収・資源化されれば、ごみが新たな価値を生むことになります。

実際、再資源化に向けた研究が既に行われていて、いずれはインバイロワン工法ではがした塗膜くずから鉛が回収・再利用できるシステムが構築されると期待されています。

写真 3-9 はがした旧塗膜は容易に回収できる

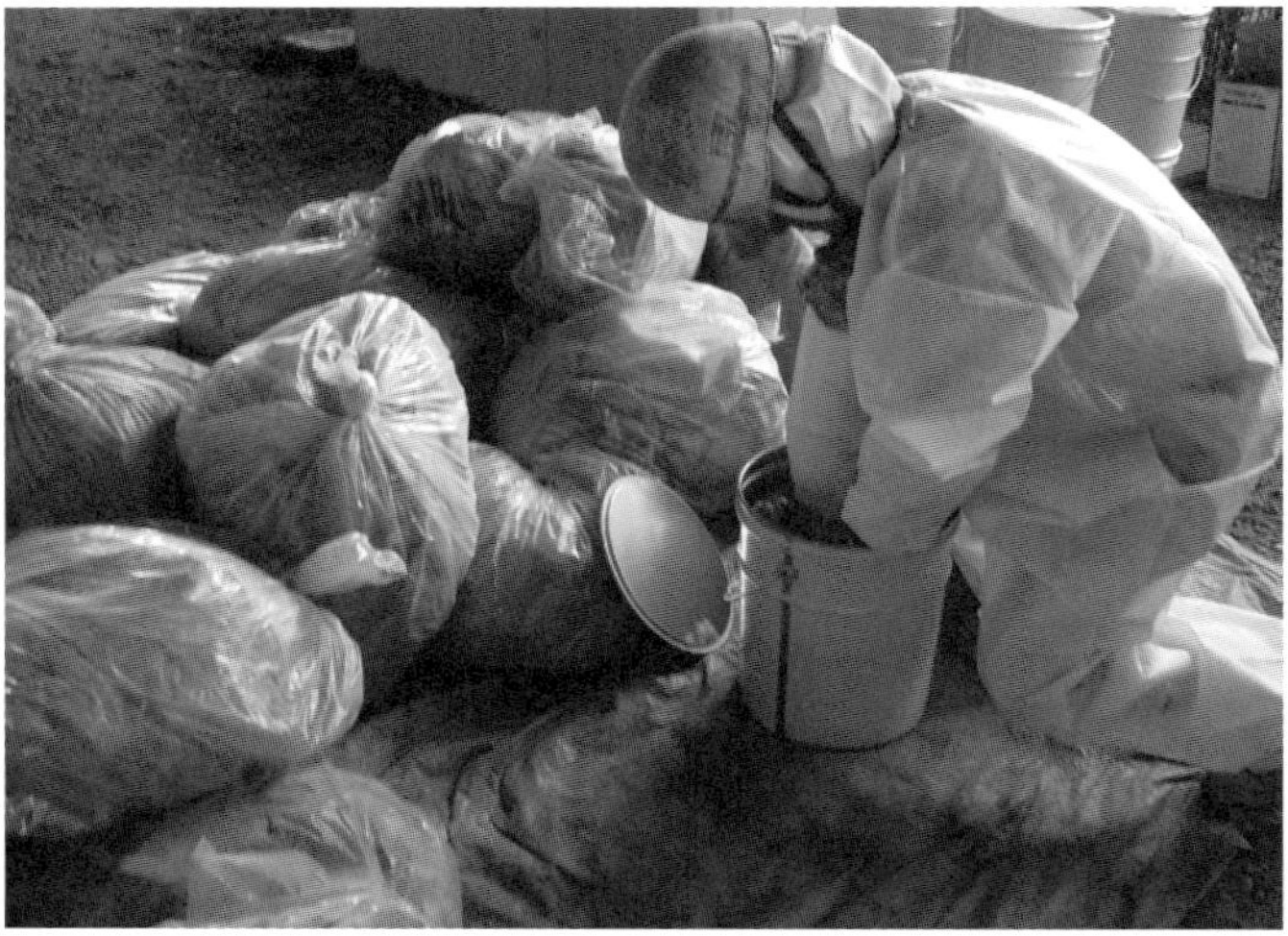

006
安全性③～主成分のDBEは自然に還る

インバイロワンの主成分はDBE（二塩基酸エステル）というアルコール系の有機溶剤です。一方、従来のはく離剤は塩素系です。両者の成分や人体・環境への影響を比較すれば、インバイロワンがいかに安全であるかは明白です（図3-10）。

臭いはごくわずかであり、それも心地よい果実の香りです。塩素系溶剤のように、鼻や皮膚に対する刺激はほとんどありません。

図3-10にある生分解性というのは、ある物質を自然環境に置いた際、自然界の微生物や酵素によって分解される度合いで、環境安全性を示す目安の1つとされま

す。物質を自然界に放っておいたら、どの程度で土や水に還るのか、ということです。

たとえば従来の一般的なプラスチックであれば、いつまでもたっても分解されませんから、この値は限りなく0％に近くなります。

インバイロワンであれば約30日で成分の94・6％が分解されます。水と炭酸ガスとなり自然界に還ります。そもそもDBEは、絹のような素材を人工的に作る過程で開発された物質です。現在ではその安全性の高さから、ナイロンを作る際の中間材料などとしても使われています。

同じく図にある「魚毒性《ぎょどくせい》」とは、環境汚染物質が水中で暮らす魚などの魚類に与える影響の指標であり、こちらの試験でもインバイロワンは家庭用中性洗剤程度、という結果でした。

インバイロワンはこのように安全性の高い物質ですから、ジクロロメタンのように、有害性のある物質として登録・監視されるPRTRに該当していません。

図3-10 従来型はく離剤との成分比較表

従来型はく離剤との比較			
		インバイロワン	従来型はく離剤
構成成分		高級アルコール系、ほか	ジクロロメタン
環境	有害性	なし	発がん性物質
	魚毒性	家庭用中性洗剤程度	ー
	生分解性	易分解性（水と炭酸ガスに分解）	難分解性
皮膚への刺激		ほとんどない	あり
塗膜の状態 はく離塗膜の扱い性		湿潤シート状に軟化し、ベトツキがあまりない 塗膜廃棄物の集積性が良い	塗膜を塗料に戻した状態（溶解）になる 塗膜廃棄物の集積性が悪い
PH		中性	中性（酸性、強アルカリもあり）
有機則		非該当	第2種有機溶剤 （トルエン、キシレンなど）
PRTR法		非該当	第1種指定化学物質 （トルエン、キシレンなど）
化審法		非該当	指定化学物質 （クロロホルムなど）
消防法		指定可燃物（可燃性固体類）	非該当

写真3-11 果実の香りがするインバイロワン

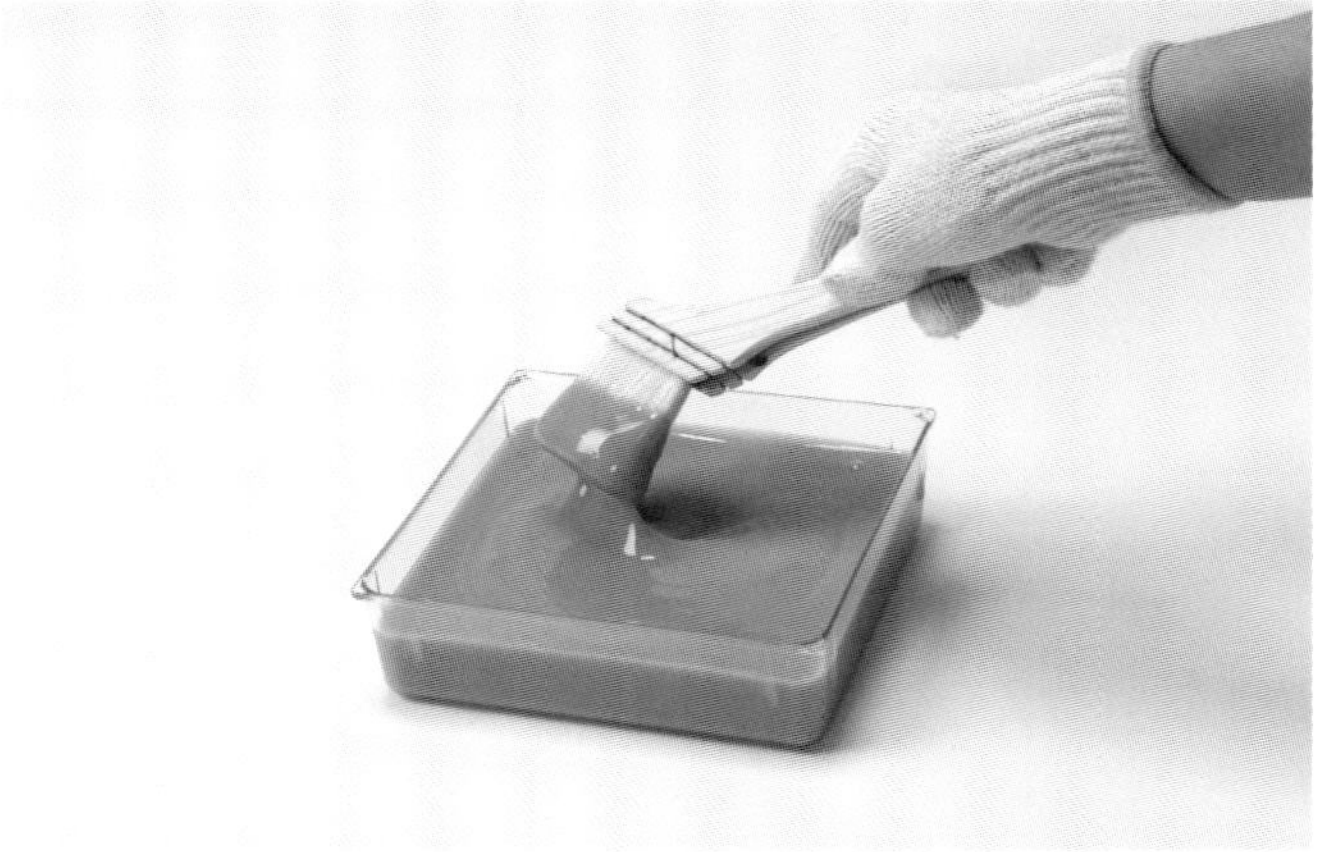

007

ＬＣＣを軽減

ここまで説明してきたように、インバイロワン工法は従来の塗膜除去工法と比べ、はるかに優れた工法です。その違いと優位性をまとめました（図３－12）。

先ほど少し触れましたが、「Life cycle cost（ライフサイクルコスト）」について説明します。建設業界ではよく使われる言葉で、頭文字をとって「ＬＣＣ」と呼ばれます。

構造物というのは設計・建設にかかる初期費用（イニシャルコスト）は実はそれほど大きくなく、その後の修繕やメンテナンスにかかるランニングコストと最終的

図3-12 インバイロワン工法との比較一覧表

	機械的工法		はくり離剤工法	
工法	ブラスト工法※	電動工具処理	従来型はく離剤工法	インバイロワン工法
特徴	塗膜はく離は容易に行えるが、大型装置を設置するための耐荷重足場が必要。	平面の塗膜除去は容易に行えるが、隅角部や添接部等では除去が困難。生産性が低い。	塗膜は1層ずつしか除去できない。生産性が低い。	塗膜はく離が容易に行える。一度の塗付で最大500μmまでの塗膜のはく離が可能。
作業環境	塗膜ダストを作業者が吸引しないための対策が必要。騒音が大きい。	塗膜ダストを作業者が吸引しないための対策が必要。騒音が大きい。	皮膚刺激性が強く揮発性も高いので、作業環境の溶剤濃度が高い。	皮膚刺激性はほとんどなく、揮発性も低いので、作業環境の溶剤濃度は低い。有機溶剤中毒予防規則に該当しない。
周辺環境への影響	塗膜ダストの飛散防止対策が困難。	塗膜ダストの飛散防止対策が困難。	生分解性が低い。大気汚染の可能性もある。毒性を有するものもある。	生分解性が高い。魚毒性は家庭用中性洗剤程度。
塗膜回収性	塗膜ダストの回収率は低い。	塗膜ダストの回収率は低い。	塗膜が溶解してしまい、回収しにくい。	塗膜は湿潤シート状に軟化するので、回収が容易。
課題等	除去塗膜と研削材（産業廃棄物）の発生量が膨大で処理コストが高い。特に十分な防護工が必要。	隅角部や添接部等では、塗膜除去が難しく、作業時間が多く掛かる。十分な防護工が必要。効率が悪く橋梁等大型構造物には事実上適用できない。	多層塗膜を一度にはく離できないため、作業工数が多い。黒皮、錆部や添接部等は、電動工具等の併用が必要。	黒皮や錆部は、電動工具等の併用が必要。素地調整程度1種にするにはバキュームブラストの併用が必要。

※ブラスト工法はオープンブラスト工法

な廃棄コストの方が大きいとされます。そこで最終的な廃棄までにかかる費用を見込んだコストの総額を算出することが求められています。費用面から考えた、効率的な構造物の維持管理のためです。

本誌のテーマであるインフラの長寿命化に向けた塗装塗替工事は、まさにこのランニングコストの部分です。いかに効率的な防食を行うかで、ＬＣＣの軽減が実現できます。


インバイロワン工法では鋼板の表面に発生した錆、鋼材の製鋼過程でできる酸化皮膜（黒皮《くろかわ》）は除去できません。

また、場合によってはエッチングプライマーが少し残っている場合もあります。そのため実際の作業ではインバイロワン工法を行った後、塗り替え塗装に適した鋼材面とするために、ブラスト工法やディスクサンダー工法を併用して素地調整程度1種、または、２種の仕上げ面にします。

そしてこの作業を行うことで、チャプター３の冒頭で紹介したはく離剤に必要な

写真 3-13 重防食塗装が施された幣舞橋（北海道）

要素の1つ「新たに塗る塗装の付着に支障がない」との点については、屋外暴露試験、並びに促進暴露試験（10年以上）で検証されています。

もちろん有害物質は既にほとんど除去されていますから、安全面という部分では同じ作業であっても大きく異なります。

そしてここからがポイントですが、この物理的塗膜除去作業を含めても、結果としてインバイロワン工法の方が〝ＬＣＣが安い〟という結果が出ています。

一番の要因は、塗り替え塗装の間隔が圧倒的に伸びることです。チャプター1でも触れましたが、一般塗装では、再塗装工事がほぼ10年に一度必要となりますが、重防食塗装を行った構造物であれば、ほぼ50年に変わります。

大きな橋であればあるほど、足場などの作業環境を整えるだけで、多大な費用がかかります。塗り替え作業が困難な環境にある橋の場合にも、同じように準備や環境整備関連に多額の費用がかかります。

ですから実は、今お話ししたような過酷な環境の橋は、既に重防食塗装が施されています。本州と四国を結ぶ本四連絡橋などです。

008 1兆円を超える税金を節約

一般の橋にも重防食塗装を施すことで、防食に関するLCCが大幅に低下します。メンテナンス費用の大半は税金ですから、結果として、節税にも繋がります。

実際、インバイロワン工法を行った場合のLCCはどれだけ効果的なのか、グラフ化していますので紹介します（図3‐14）。1回の工事における施工費用においてもインバイロワン工法は優れていることが分かります（図3‐15）。

既に成果も出ています。2011年度までに全国の橋の再塗装工事でインバイロワン工法は148件採用されました。ブラスト工法で行った際の費用と比べると約

図3-14 ライフサイクルコストの比較表

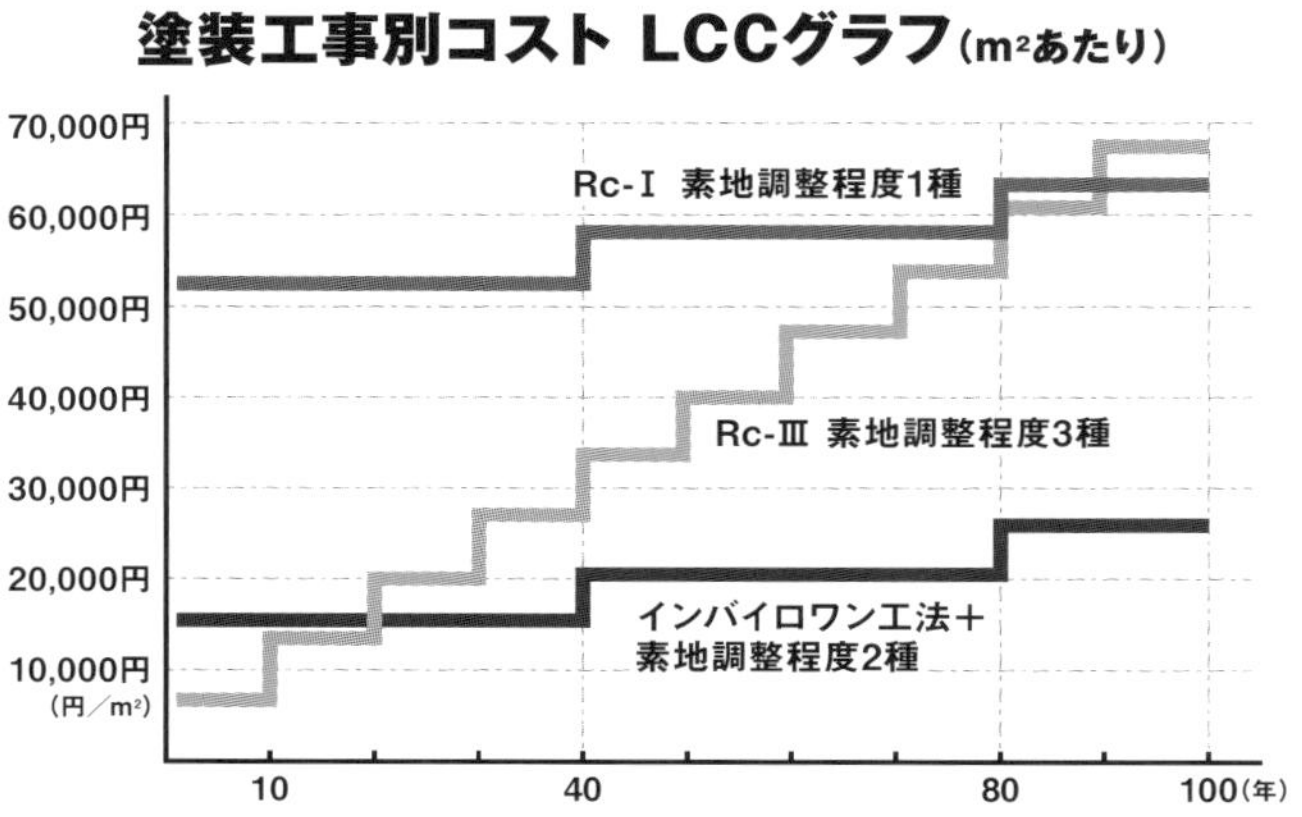

図3-15 インバイロワン工法の費用は安い

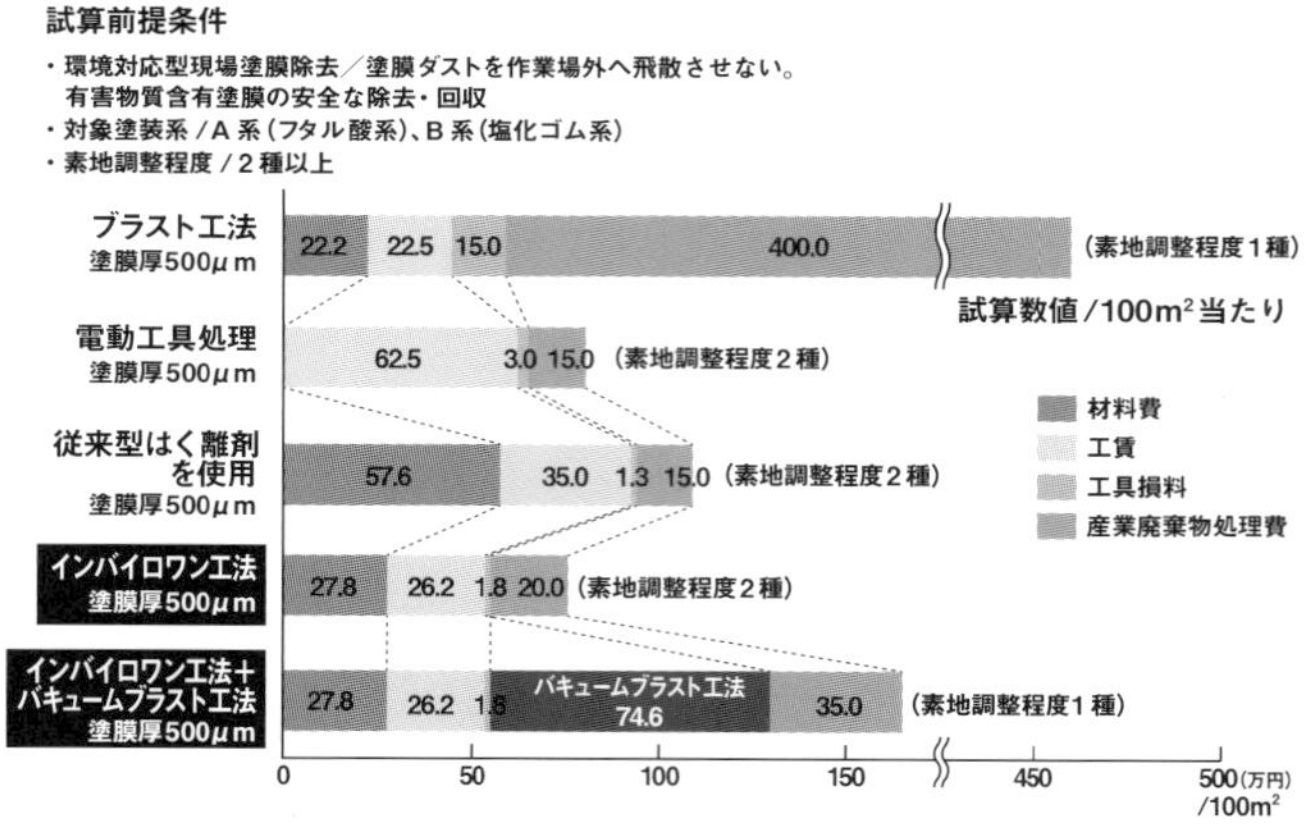

92億円も節約できたことになります（図3‐16）。ブラスト工法時に大量に出る廃棄物が大幅に削減したことが大きな理由です。削減された廃棄物量はおよそ900０トン。４トントラックに換算すると２２５０台分にもなります。

過去20年間に塗り替えが行われた鋼構造物の総面積は約６５８０万平方メートルにおよびます。仮に、その半分だけでもインバイロワン工法で行っていれば、約１・２兆円もの工事費が節約できたことになります。

このようにインバイロワン工法は、さまざまな優れた特徴を持つことから、各地にある鋼道路橋の塗り替え工事で採用されはじめています（図3‐17）。

図 3-16 工事費と廃棄物量の変化

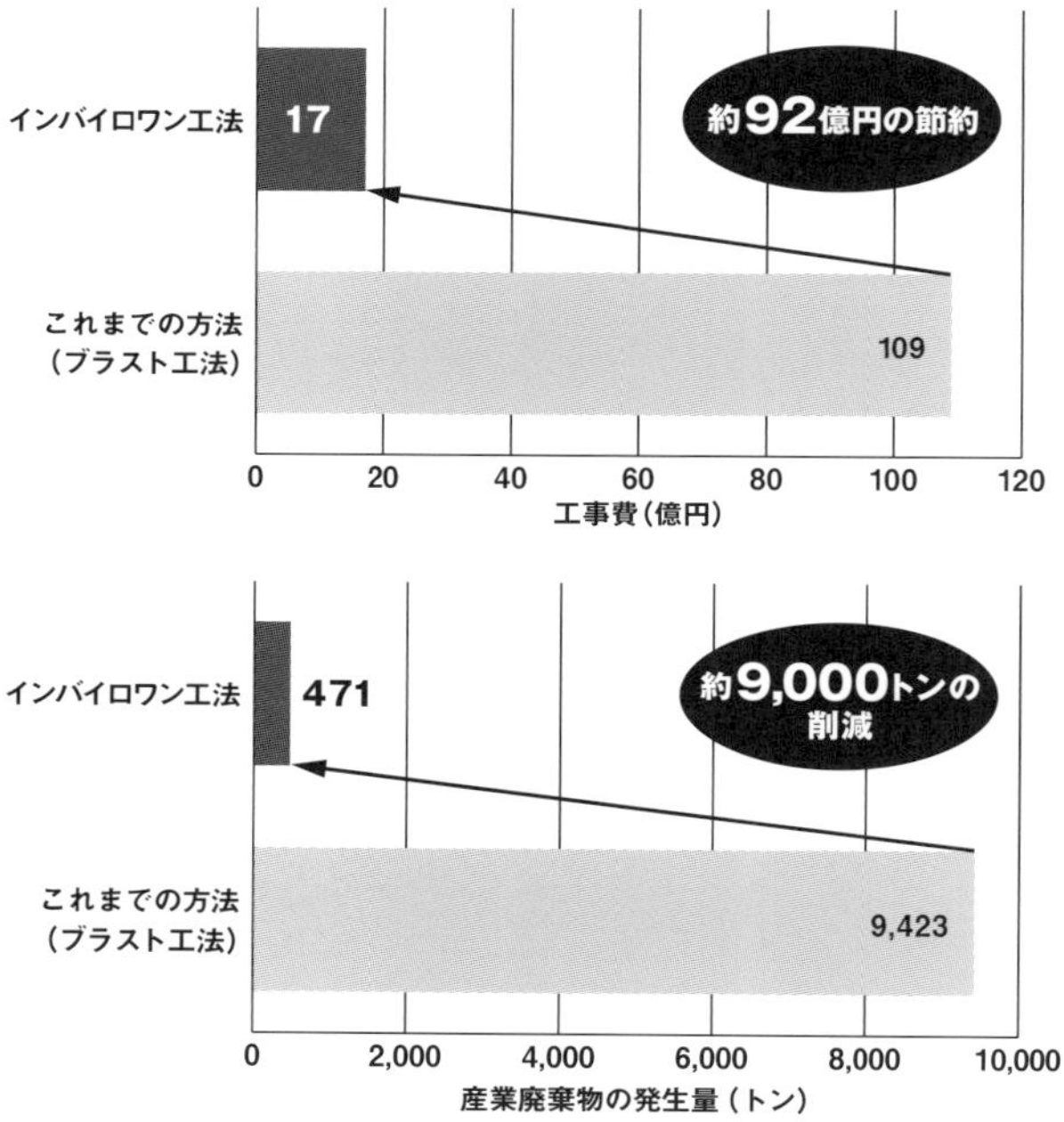

図3-17 これまでの施工実績の例

2013年度
曙橋（東京）（1万5,280㎡）
厚岸大橋（北海道）（4,661㎡）
福ヶ谷橋他1橋（福岡）（6,826㎡）
富野・小文字高架橋（福岡）（5,640㎡）
柳橋（青森）（2,500㎡）
川内原子力発電所架台鉄骨（鹿児島）（9,300㎡）
吉野川大橋（徳島）（1万3,860㎡）
長野大橋（長野）（8,903㎡）
睦橋（長野）（3,010㎡）
静岡国道跨線橋（静岡）（2,120㎡）

2014年度
首都高速道路（東京）（3,000㎡）
厚岸大橋（北海道）（2,965㎡）
宮城高架橋（沖縄）（3,850㎡）
群馬大橋（群馬）（5,000㎡）

009

国や関連機関からも認められた

インバイロワンは、実績だけでなく国や関連機関から、ものづくりや土木における新技術に関する分野での表彰や推奨を受けています。

【表彰】

■ ものづくり日本大賞

経済産業省、国土交通省、厚生労働省、文部科学省および社団法人日本機械工業

連合会などが連携し主催する賞で、2005年からスタートしました。2年に一度表彰が行われています。

日本の産業・文化の発展を支え、豊かな国民生活の形成に大きく貢献してきたものづくりに対して表彰を行っていて、インバイロワン工法は第2回の内閣総理大臣表彰を受賞しました。

■国土技術開発賞最優秀賞

一般財団法人・国土技術研究センターおよび一般財団法人・沿岸技術研究センターが主催、国土交通省後援、建設分野での優れた新技術を表彰する制度です。1999年からスタートし毎年開催しています。インバイロワン工法は第8回の国土交通大臣賞を受賞しました。

【推奨】

■ＮＥＴＩＳ（新技術情報提供システム）の推奨技術に選定

国土交通省が運営するデータベースです。公共工事の問題解決に役立つとされる優れた技術の紹介と、同技術を持つ法人のサポートが目的です。

インバイロワン工法は、２０１５年度の「推奨技術」に選定されました。「推奨技術」は、国土交通本省が専門家等を交えた有識者会議において、公共工事等に関する技術の水準を一層高める画期的な技術として選定されるものです。２０１５年度に「推奨技術」に選ばれたのは、２件でした。

Chapter 4

“インバイロワン”開発ストーリー

～開発に携わった二人の技術者の想い～

インバイロワンはベースとなる主成分の開発だけでも20年以上の歳月がかかっている。また、橋のほとんどは国や地方自治体の管理であるから、いくら技術が画期的であっても、そう簡単には採用されない。

このチャプターでは化学メーカーの開発者としてインバイロワンを生み出した臼井明氏。同技術の共同開発者として携わった守屋進氏。両氏に改めてインバイロワンの開発ストーリーならびに、二人がインバイロワンに掛ける想いを語ってもらった。

もともとはアメリカ軍の技術

臼井　はく離剤を使って塗膜をはがすという技術は、もともとアメリカ軍が開発したものです。戦車や戦闘機といった物はメンテナンスだけでなく、敵にその存在を知られないように、定期的に外観を塗り変える必要があったからです。

ただ、一般塗装のように古い塗膜の上に新しい塗料を塗ってしまっては重量が増えてしまいます。そのため一度しっかりと古い塗膜をはがす必要がありました。

ただ、軍事技術ですから、人体や環境への安全性は二の次。とにかく効率よく、かつ、きれいにはがれることを優先的に技術開発は進みました。そうして開発されたのが、発がん性の疑いがある「ジクロロメタン」を主成分としたはく離剤です。実はこのはく離剤ならびにその技術は今でも使われていて、日本の航空機なども同じように旧塗膜の除去を行っています。

長年にわたるはく離剤の研究開発

臼井　私は社会人になって、化学品を扱う専門商社に就職し、約10年間勤務しました。その後父親が経営する会社に入り、塗装業界、プラスチック業界で使用される工業用洗浄剤などの開発を担当しました。土木業界に、大量の橋の改修が必要になる時期であるため、はく離剤に大きなニーズが生まれること、はく離剤が、それまで私が携わってきた〝洗浄剤〟の原理に似ていたことが、インバイロワン開発に繋がりました。

それまでのはく離技術というのは、先に紹介したブラスト工法やディスクサンダーといった物理的工法か、前出の軍事技術を除いてはありませんでした。そして当時、それまでの方法による公害が、問題になりはじめている頃でした。

「塗装というのは必ず塗り替える時期がくる。そのとき、これまでの物理的はく離技術を使っていては、有害物質は出続ける。必ずや、もっと地球に優しいはく離剤が必要になるはずだ」。そう、私は考えました。

以来、インバイロワンの開発も含め、長くはく離剤の研究・開発に携わりました。

ジクロロメタンに代わる物質を

臼井　そこから私は、ジクロロメタンを含んだはく離剤に代わる薬剤の開発に着手しました。

まずは、主成分となる物質探しです。国内に限らず、海外のはく離剤や工法も研究しました。業界の見識者や技術者のもとを何人も訪ね歩き、何かジクロロメタンに代わる物質はないものかと探し続けました。

ある時、「リモネン」という物質が候補に挙がりました。ただ、リモネンは、はく離性能はまずまずでしたが、オレンジから抽出される成分のため香りが強く、はく離剤に適しているとは言えませんでした。

はく離効果がありながらも人体や環境に優しい物質探しは、そう簡単ではありませんでした。

しかし私はあきらめず、主成分探しを続けました。

ヒントは新聞紙のリサイクル剤

臼井　塗装業界ではありませんでしたが、とある化学の専門家から、興味深い話を聞くことができました。「脱墨《だつぼく》」という技術です。

私たちが毎日読んでいる新聞紙はリサイクルされ、再び紙として利用されています。そのリサイクルの過程で新聞の印刷に使われたインク（墨）を抜く必要があり、その際に使われているのが脱墨剤というものでした。まさに、チャプター3で紹介した洗濯物と洗剤の関係が、紙パルプ業界でも行われていたのです。

私はすぐにその脱墨剤を詳しく調べました。すると、はく離効果は高く、安全性も確認でき、新しいはく離剤の主成分に使えることが分かりました。

しかし、製紙業界で使用される脱墨剤には不純物が含まれ、性能が不安定だったのです。

結果として、ナイロンを作る際の中間原料であるＤＢＥ（二塩基酸エステル）が、安全性も高く、機能的にもジクロロメタンに替わるものとなりました。

一度目は断られた

臼井　今紹介したはく離剤は、正確には本著で紹介しているインバイロワンではなく、建築塗膜用に開発したはく離剤でした。開発当初こそ、「塗ってからはがすまでに24時間もかかるなんて仕事の効率が悪くて使えない」と、多くの建築会社から相手にされませんでした。

しかし、環境や作業員への負荷軽減、その後の作業の効率化や全体のコストなどを考えると、新型はく離剤が効果的なのは明らかでした。次第に、新型はく離剤を使用する塗装業者は増えていきました。

その後、建設省改修工事共通仕様書の中で建物外壁の塗装を除去する高級アルコール系はく離剤として取り上げられました。

私は次のステップを考えました。「建物の塗装がこれだけ簡単にはがれるのだから、鉄橋など、鋼構造物でも使えるはずだ」と。

私はペンを取り、土木研究所に手紙を書きました。冒頭の内容です。いずれ全国各地にある鋼構造物も物理的なはく離工法では立ちいかなくなる。私が開発した技術を活かせるはずだ、と。

入所直後から塗装の研究に携わる

守屋　私が土木研究所に入所したのは1974年のことです。大学で学んでいた化学の知識を使う仕事を続けたいと、行政職ではなく、研究の仕事を選びました。

土木の分野に化学の知識が必要だと考えたことは全くなかったのですが、土木研究所の面接を受けたとき、面接官の一人が当時の化学研究室長で、面接が終わったらそのまま別室に招かれ化学研究室の研究内容についてとうとうと説明され、ぜひ土木研究所に来ないかと誘われました。その話に大変興味を持ったので、土木研究所に入ることを決めました。

まず携わったのは、地下水中のホルムアルデヒドの分析方法の改良に関わることでした。これは、地盤改良工法として薬液注入工事を行った際に、地下水中にホルムアルデヒドが流れ込んでいないか監視する方法の分析精度を室長の指導の下、改善を試みることでした。

また、当時コンクリート中の鉄筋は高アルカリ環境にあるため腐食しないとされていましたが、海砂《うみすな》を使用したコンクリート中の鉄筋が腐食することが次第に明らかとなってきたため、先輩の指導の下、実験室でその条件を再現することと、電気化学的に鉄筋の腐食の解明をすることでした。

さらに、当時本州四国連絡橋や東京湾横断道路の事業化が進んでいましたが、これまでの市街地や田園・山間部とは全く異なった厳しい腐食環境なので、鋼材の防食技術の研究の一端である鋼構造物の塗装の耐久性向上に関する研究の手伝いを行いました。これがきっかけで、土木研究所では、建設材料の耐久性評価、環境安全性向上及び土木構造物の防食がライフワークになりました。

民間の力を借りる

守屋 省庁編成などにより、設立当初の内務省土木試験所から、建設省、国土交通省と所管先は移りましたが、土木研究所はもともと建設行政を支援する技術開発を行う組織です。

そのため私が入った頃から民間企業との共同研究はありましたが、単独1社との共同研究はありませんでした。その相手は財団法人や社団法人といった法人に属している民間企業でした。

ところが2001年の行政改革で変わります。国に頼ることなく、できる限り自分たちの手で事業を進めなさいと、独立行政法人となりました。人員を削減されたこともあり、民間企業との共同研究に本腰を入れることになりました。

その後は、プロジェクト研究や新しい研究開発の際には共同研究の相手先の公募を行い、民間の知恵や技術を取り入れるようになっていきました。

技術ではなくアイデアを募集

守屋　当時、公共事業費の削減が行われていました。防食の分野では、コストを削減すると材料の性能が低下したり、劣悪なものを使うことになったりなど、防食性能が低下し構造物の寿命が短くなりかねません。短絡的なコスト削減は、頻繁な再防食が不可欠となり、メンテナンスコストが増大してしまうのです。ですから、防食技術の性能向上こそが、ライフサイクルコストの削減に繋がると考えました。

当時重防食塗装は、本四橋などの厳しい腐食環境である海上長大橋に適用され、20年以上の実績がありました。この重防食塗装を、一般環境の鋼構造物に適用すれば、大幅に塗り替え間隔を延伸させ、メンテナンスコストも大幅に削減できる。鋼構造物の防食のライフサイクルコストも削減可能だと、私は確信していましたが、重防食塗装のイニシャルコストを削減する努力も必要でした。そこで、重防食塗装のコスト削減に関する共同研究の公募をおこないました。一般塗装より重防食塗装の方が耐久性で優れていることは明らかです。でも、コストが高かった。一般塗装であれば、１平方メートルあたりの塗装単価は３０００円程度です。それが重防食塗装では９０００円ほどでした。

塗料自体が高価なこともありましたが、大きかったのは作業員の人工《ニンク》です。一般塗装では塗り重ねても４回程度ですが、重防食塗装になるとその倍近く、７回は塗り重ねます。単純に人件費はおよそ倍かかることになります。この人工を下げない限り、重防食塗装を浸透させるのは難しいと考えていました。

ですから公募のテーマも、それまでのものとは違い、アイデアの募集でした。

それまでの公募は「〇〇をテーマとした研究を行います。その技術を募集します」という内容が大半でしたが、今回は「コスト削減の良きアイデアを持っている人を募集します」としたのです。

２度目の挑戦は公募

臼井　私はその公募を新聞広告で知りました。正確には、その広告を見た方から「こんな公募があるけど、応募してはどうか」という話をいただきました。公募を見たとき、始めは正直よく分かりませんでした。守屋さんがおっしゃるように技術の募集ではなかったからです。

ただ、よくよく読んでいくと、私が以前土木研究所に送った手紙の内容に近いものでした。私はすぐに土木研究所に連絡しました。そうしてここから、鋼構造物の塗膜を安全・安心かつ効果的にはく離するインバイロワンの研究が本格的にスタートしました。

ところが、そう簡単に採用はされませんでした。

ネックはコストでした。インバイロワンを使えば、長いスパンで防食を考えたライフサイクルコストは安くなります。しかし、初期のイニシャルコストははく離剤が高価なため、それなりの値段になってしまう。

「アイデアは良いが、費用が掛かりすぎる」と、言われました。

守屋　土木の現場の担当者はその工事のコストをどれだけ削減するかを求められていましたから、ライフサイクルコストを削減することに関心はありませんでした。

もう1つ、大きな問題もありました。土木における塗装というのは、私はそれまで防食を研究していたから必要性を理解していましたが、土木技術者のほとんどの方にとっては「ただのペンキ、色づけでしょう」という感覚なんです。

話は逸れますが、このような考えですから、橋の設計の際にも塗装の塗替工事のことなどほとんど考えず、結果として塗替工事が困難な箇所が多い構造の橋が多く造られています。橋をいかに安く作るかしか考えていない方が大半なんです。そのくせ橋が錆てくると、やれ塗装が悪い、と言い出す。

しかし、私には入所以来塗装の研究を20年以上にわたり行ってきた経験がありました。ライフサイクルという観点から考えれば臼井さんのアイデアはコスト削減につながる。この技術は使えそうだ、と。ただ、そんな私にも懸念はありました。

はく離剤なんて使えない

守屋　実は以前関わった塗膜除去工事ではく離剤工法を使い、ひどい目にあっていたのでした。そしてもう1つ、先ほども少し触れましたが、建築の塗装はデザイン。土木構造物の塗装は耐久性が求められる。建築で培った技術が、土木にそう簡単に活かせるわけがないだろう、と、私も考えていたからです。

ですから最初は半信半疑でした。ただ、アイデアの内容は納得できましたから、臼井さんにいろいろと課題を与えました。まずはその課題をクリアしてみなさいと。

臼井　守屋さんから、ダンボールのみかん箱にいっぱい詰まった塗装サンプルが送られてきました。このすべてをきれいにはがしてみろ、ということでした。１００枚以上はあったと思います（写真４‐１）。

守屋　問題は他にもありました。それまでの民間企業との共同研究では、今回のように臼井さんの会社1社だけ、というのは前例がなかったからです。

共同研究を行う企業選定の際には、審査会の前に事前の審査があります。企業の概要や事業内容、実績などを書いて提出するのですが、その審査の段階で横やりが入りました。「守屋さん、1社だけとの共同研究って……」。私から言わせれば新しいことを始めるのだから1社しかないのは仕方のないことだろう、と。そもそも1社とだけ共同研究を行ってはいけない、という規定はありませんでした。「理事長に判断してもらいたいので共同研究審査会に回してほしい！」と、言わばゴリ押しで通してもらいました（笑）。

写真 4-1 暴露評価板でのはく離実験

これまでもやりたい、やるべきだという研究があれば、研究のやり方や費用の工面をしてやってきました。臼井さんの技術も、まさにその類でした。そして技術が確立すれば当然ですが、社会の役にも立つ。やらない理由はありませんでした。

臼井　守屋さんがいてくれたから、インバイロワンは誕生したのだと改めて思います。

尊敬する技術者（上司）との出会い

守屋　先ほどお話ししました土木研究所に採用されたときの室長が研究に対する考え方や取り組み方について、10年間ですが大変勉強させていただきました。「研究は、楽しく行えなければ決して良い成果は得られない。行政に役立つ研究は決して楽しいものばかりではないので、将来は、自分で楽しく研究をできるようにならなければいけない。そしてどうしても楽しくできないのであれば、その研究は止めた方が良い」と言われました。

私はその方の下で働けたおかげで、大好きな研究に没頭できたと今でも感謝の気持ちでいっぱいです。その方の理解や支えがあったから今の私がいると思いますし、インバイロワンも開発されたのだと思います。

溶解ではなく可塑化

臼井　共同研究がはじまったのは2003年でした。先ほどお話ししたように、既にインバイロワンのベースとなる技術は確立していましたから、あとはその技術をいかにして橋などの鋼構造物用の塗膜に応用するか、というのが研究のポイントであり、私に与えられた課題でもありました。

守屋さんのおっしゃる通り、塗膜の質は違いました。デザイン性が強い建築の塗膜には目で見ると分かりませんが、小さな穴が無数に空いています。一方、鋼構造物の塗膜では、このような穴が空いていたらそこから酸素や水が侵入し鉄を錆びさせてしまいますから、ありませんでした。

実は、建築用のはく離剤のときには、この穴をはく離剤が通ってくれることで、最下層の塗膜までうまく達することができていました。つまり、鋼構造物用のはく離剤インバイロワンでは、浸透性をさらに高める工夫が必要でした。また、成分も違っていました。

私はインバイロワンの成分を改めて見直しました。主成分が有効なのは分かっていましたから、あとはこの主成分をいかに確実に、鋼構造物の塗膜最下層まで浸透させるかがポイントでした。

こうしていくつかの助剤や添加剤を絶妙のバランスで配合することで、鋼構造物でも使えるインバイロワンは誕生しました。

5度Cの壁

臼井　開発当初は順調に塗膜がはがれていました。しかしあるとき問題が発生します。気温の低い冬のことでした。低気温のせいでインバイロワンの溶解性能が落ち、塗膜がはがれない、という問題が生じたのです。

守屋　私たち人間もそうですが、世の中のほとんどのものは温度が高いと活性化する、という性質を持っています。はく離のような化学反応でいえば、常温付近では温度が10度C上がると、反応速度はほぼ倍になります。裏を返せば、温度が低くなると不活性になる、ということです。

そのため塗料もある一定の温度以下での使用は控えるべき、という規定があります。5度Cです。ところがインバイロワンでは10度Cを下回ると性能が落ちてしまった。この5度Cの差を埋めるという新たな課題が見つかりました。

臼井　ポイントになったのはまたしても助剤でした。先と同じ原理です。インバイロワンが低い温度でも活性化するような助剤を見つけ、適量を配合する試験をくり返しました。その結果、果実や梅干しなどに含まれる有機酸という物質を若干添加することにしました。

有機酸は有機性の物質とはいえ酸ですから、あまり多いと鋼構造物を錆びさせてしまう。ここでも配分量を何度もスクリーニングし、最適な量を探りました。

その結果、低温でもしっかりとはく離効果が出る、インバイロワンに改良されました。

塗料メーカーが驚いた

臼井 完成したインバイロワンの実証試験は熊本県の玉名大橋で行いました。県、自治体関係者のほか、塗装施工業者、塗料メーカーなど関係者が大勢集まる中、インバイロワンを塗付しました。そして24時間後の翌日、同じく皆で現場に訪れ、はく離状態を確認しました。

結果は見事大成功でした。古い塗膜はシート状になっており、スクレーパーで簡単にはがすことができました。場所によっては、塗膜の自重で自然にはがれ落ちている箇所もありました。

守屋 作業員のはがしている様子があまりに見事だったので、私もスクレーパーで実際にはがしてみました。するとほとんど力を入れることなく、簡単にはがれました。もちろん粉塵はほとんど出ませんから、防塵マスクもしていません。ものの見事、という表現がぴったりの結果でした。

臼井 成功するとは思っていましたが、ここまできれいにはがれ落ちるとは思っていなかった、というのが正直な感想です。嬉しい気持ちもありましたが、研究を成功に導いた、という安堵感も大きかったですね。この両方の気持ちが混在していたように思います。

守屋 立ち会った関係者からも驚きの声が多く聞かれましたよね。

臼井 ええ。「初めてみる光景だ」という声が多かったですね。中でも私が印象に残っているのは大手塗料メーカーの声でした。「こんなに簡単にはがれてしまったら、私たち塗料メーカーにとっては問題だ」と。

守屋　塗料メーカーはいかに鋼材に密着してはがれにくい塗料を開発するかを日々研究していますからね。

Chapter 5

行政も期待する技術

～ＰＣＢ被害を二度と起こさないために～

インバイロワン工法は2015年度に国土交通省NETIS の推奨技術となった。そこには医師であり参議院議員でもある秋野公造氏の尽力があった。

「命を大切に。人と人、心と心をつなぎ、平和を願う」とのビジョンを掲げる秋野氏が、インバイロワン工法に何を感じたのか。

また、どのような信念を持って同工法を広めようとしているのか。そこには、インバイロワンの開発者2人に共通する熱い想いがあった。

３人の想いが一致

秋野　私は厚生労働省に勤務していた頃、薬害など国や製薬会社の過失で今も苦しむ、ＨＩＶ（エイズ）、ヤコブ病、ハンセン病、肝炎といった疾患を抱える方たちに対し、国としてどのような救済策を講じればよいか、という仕事に携わっておりました。
　その後、国会議員に押し上げて頂き、環境・内閣府大臣政務官も拝命しました。環境省ではＰＣＢ処理に携わりました。ＰＣＢもダイオキシンの一種であり、前出の疾患のように健康被害を受けた方々が大勢おられます。

臼井　１９６８年に起きた「カネミ油症事件」ですね。

秋野　はい。薬害もカネミ油症も深刻な健康被害を生じ、どちらも二度と起こしてはならない事件だと、私は強く思っております。これは、事件が起きた九州で育った私だからこそ、より感じることでもありましょうか。

インバイロワン工法に惹きつけられたのはそんな背景があります。PCB処理は必ずやり遂げなくてはなりません。それも、適切に行う必要がある。PCBを鋼構造物からはく離し、作業者の安全も確保する。インバイロワン工法であれば実現できると思いました。

臼井さんや守屋さんに出会った後、環境大臣政務官を拝命しました。PCB処理対策に関われたことで、はく離したPCBを適切に処理できる体制を整えたうえで、インバイロワン工法で安全にPCBをはく離させ、環境中からPCBを確実になくす施策を進め、二度と健康被害を起こさない国土を取り戻せると思いました。

また、私が技術的な側面以上に惹かれたのは、「インバイロワンを使って旧塗膜に含まれる有害物質を日本からなくしたい」という開発者であるお二人の熱い想いでした。

環境省を離れてから私は、全国にある鋼構造物の塗膜にはPCBや鉛といった有害物質が大量に含まれており、その処理が現在の処理方法では適切に行えないこと、インバイロワン工法であれば可能であることを、環境省や国交省など、関係省庁に対して知ってもらう活動をはじめました。

守屋　塗替工事など、道路橋の保全管理は国土交通省の管轄です。農道に関る保全管理は農水省です。PCB廃棄物の処理は環境省になります。もちろん自治体が管轄する事業もあります。個別に訪れ、インバイロワンの効果を伝えることも大切でしょう。

しかし、それだけでは話がなかなか進みませんからね。秋野さんは力強い存在でした。

秋野　そこで私は、参議院行政監視委員会などでもＰＣＢ塗膜の問題を取り上げました。国会で質疑を行う意義は立法府と行政府の合意を図ることです。議事録は永遠に残ります。

そのことで地方の鋼構造物の管理に携わる自治体関係者などにも知ってもらいたいと考えました。

臼井　今年（２０１７年）５月15日に参議院行政監視委員会で行われた議事録（１９５ページ）をご覧いただけたらと思います。秋野さんの質疑を通して、ＰＣＢを含む廃棄物の取り扱いなど、環境省の考え方や公共事業を所管する国土交通省の考え方などを正確に知ることができます。

橋を50年持たせるために開発

秋野　多くの読者は前出したような状況をご存知ない方が大半だと思います。チャプター1〜3でも触れておりますが、改めてインバイロワンについてご説明いただけますでしょうか。私が読者の代表として、適宜質問させていただきたいと思います。

臼井　厳しい質問が来そうですが、説明責任を果たしたいと思います。

秋野　またその流れで、法令上のことは立法府に属する立場から、ＰＣＢや鉛の健康影響については医師としての見識を生かし説明に努

めてまいります。

守屋　分かりました。私たちは毎日、道路や橋、トンネルといった社会インフラを利用しています。その社会インフラの1つに橋があります。橋は川や谷などで分断されている2つの地域を結ぶ重要な役割を担っており、日本の発展とともに全国各地に数多く建設されました。ざっくりですがその数は約70万。そしてここからが問題なのですが、その多くが建設から50年以上経過しており、メンテンスのための補修工事を行う必要があります。

秋野　日本が高度経済成長期に数多く建設した橋ですね。しかし70万とは驚きました。具体的にはどのような補修工事を行うのでしょう。

臼井　橋の老朽化の主な原因は金属疲労と腐食です。橋の多くは鋼材でできていますから、錆に弱いという特徴があります。長いあいだ雨風や太陽に晒されることで次第に表面が錆びていき、そのまま放っておくと重要な構造材の桁が腐食し、いずれ崩壊します。

守屋　このような腐食を防ぐために、鋼橋だけでなく構造物の多くには塗装が施されています。

秋野　つまり塗装がインフラを長持ちさせてきたわけですね。

守屋　ええ。ただ塗装にもいくつか種類があります。従来の塗装では建設されている環境や塗料の質にもよりますが、およそ10年経つとその効果が薄れてしまうため、再塗装する必要がありました。

秋野　そうなりますと、鋼橋は10年に一度塗装の補修工事を行わないと、橋が錆びて朽ちていってしまうわけですね。

守屋　はい。再塗装が簡単にできる一般的な橋であれば、これまでの塗装方法でも問題はないでしょう。

しかし近年はご存知のように、レインボーブリッジ、東京湾アクアライン、四国と本州を結ぶ明石大橋などの本四国橋といった、簡単に修繕工事ができない超大型の橋が増えてきました。新幹線が走る鉄道橋のように、安全に安全を重ねたメンテナンスが必要なインフラも増えています。

このような背景から誕生したのが、従来の塗装に変わる「重防食塗装」です。

秋野　つまり、これまでの塗装に比べはるかに強い防食効果を持つのが重防食塗装だということですね。ちなみに重防食塗装だとどれくらいの期間もつのですか。

守屋 まわりの環境などにもよりますが、およそ50年とされます。そのため既に、前出の本四国橋などでは重防食塗装が施されています。そしてこの重防食塗装を、日本にあるすべてのインフラに施工するというのが私たちの想いであり、そのためにインバイロワンを開発しました。

従来の問題を解決したはく離剤

秋野 ただ、塗装の塗り替え工事自体は以前から行われています。

臼井　おっしゃるように、明治の頃から塗装の塗替工事は行われていました。しかし、従来の工法には問題が数多くありました。

手軽な方法は重ね塗りです。今ある塗膜の上に同じように一般塗装を被せていきます。ただ、この方法は重防食塗装には使えません。塗料成分が根本的に違うからです。

また、一般塗装を塗り重ねていく工法では、その回数が多くなると塗膜面が割れる、という問題もありました。

重防食塗装に塗り替えるには、一度、今ある塗膜をはがす必要があります。従来はブラスト工法やディスクサンダー工法が使われていました。

秋野　ブラスト工法やディスクサンダー工法では、どのような問題があるのですか。

臼井　塗膜を根こそぎはがす点では、ブラスト工法は優れています。しかし、橋などの屋外環境で行うのには向いていません。ブラスト工法では消防士が消火活動の際に使うようなホースを持ち、そこから大量の研削材を塗膜に噴射します。その勢いで、塗膜を破砕して除去します。

秋野　大量の粉塵など廃棄物が出そうですね……。粉塵の大きさはどれくらいでしょうか。

守屋　ブラスト工法で発生する粉塵の粒子サイズは、最小50マイクロメートル程度と言われています。

秋野　大気汚染防止法、水質汚濁防止法、土壌汚染防止法を順守するためには、当然のことながらはく離したＰＣＢで環境を

汚染することがあってはなりません。

守屋　有害物質を含む粉塵を大気中や水中に撒き散らすわけにはいきませんから、囲いをして作業を行います。そのためさらに粉塵の密度は増してしまいます。板で囲っているため薄暗く視界も最悪です。

また、作業員は全身を防護服で覆い、顔や頭には防護マスクを着用します。粉塵が過酷な現場では、潜水士が使うような口から吸排気のホースがついた重装備（エアラインマスク）で工事を行う現場もあります。

ゴミもかなり出ます。ブラスト工法では、1平方メートルの塗膜を落とすのに、およそ50キログラムの研削材を使用しますが、そのすべてが作業後にはゴミ（産業廃棄物）となります。

秋野　作業後の囲いの中の粉塵はどのように扱っているのですか。空気中や壁面に残留していませんか。

守屋　作業後、集塵機で除塵します。また、床や作業場を囲む壁の堆積や付着したものを集塵機で吸い取りますが、完全に除去することはできません。作業場の粉塵は時間を掛けて床に沈降するのを待って再度集塵機で吸引除去することになります。

秋野　粉塵を吸い出すためのホースについて、使用後の取り扱いはどうなっていますか。

臼井　ＰＣＢ、鉛などの有害物資で汚染されているため、使用後はＰＣＢ特措法に沿って適切に廃棄するべきだと考えますが、「ＰＣＢ特措法及び関連規定等ではＰＣＢ汚染廃棄物の移動・保管・処理について規定しており、使用しているものについて規定していない」としてています。ですから、ホースが汚染されていても、移動・保管に規制がかかりませんので、使用できなくなるまで使い回しされます。

秋野　防護服や防護マスクの表面にはＰＣＢの混入した粉塵がついていています。作業終了後には、どのように管理しているのでしょうか。

臼井　ホースと同様に汚染されています。ですから作業員の安全管理上、再使用していないと思います。

秋野　ＰＣＢで汚染された消耗品の取り扱いに不十分なところがありますし、そもそも塗膜除去中の作業環境はかなり過酷であることが想像できます。

守屋　噴射装置やディスクサンダーは軽くありませんから、体力的にもキツく、粉じんで体は汚れます。そして、橋の上の高所作業で危険でもあるのです「キツイ」「汚い」「危険」と、いわゆる３Ｋの仕事（図５-２）であり、働き手が少なくなっていることも問題でした。

臼井　このような背景から、溶剤を使った湿式のはく離剤工法が生まれました。しかし、湿式工法も主成分に有害物質が使われていたり、思ったように塗膜がはく離できなかったりなどの問題がありました。

秋野　ＰＣＢや鉛を除去するために、その他の有害物質を用いるようなことがあってはなりません。

臼井　従来のはく離剤は発がん性がある「ジクロロメタン」を主成分にしていました。

図5-1 3Kの仕事がインバイロワンで変わる

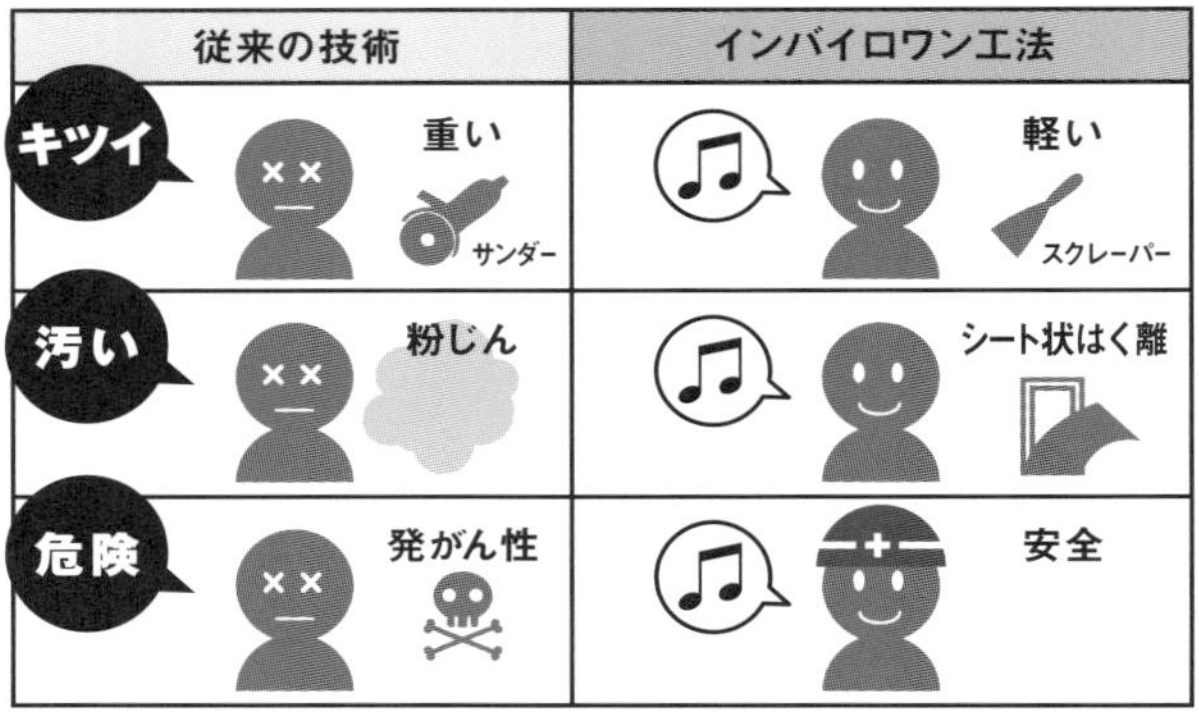

	従来の技術		インバイロワン工法	
キツイ	××	重い／サンダー	♪	軽い／スクレーパー
汚い	××	粉じん	♪	シート状はく離
危険	××	発がん性	♪	安全

図5-2 従来のはく離剤

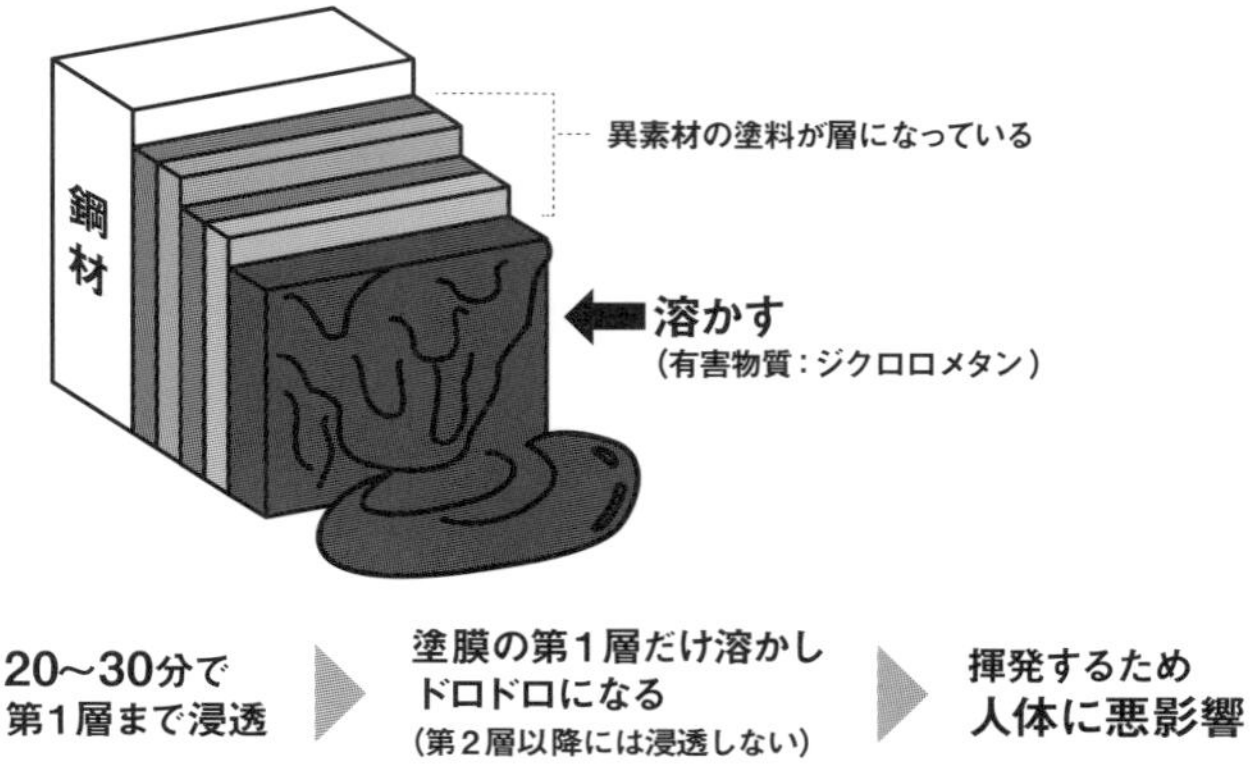

秋野 この諸問題を解決したのが、インバイロワン工法なのですね。

臼井 インバイロワン工法は湿式はく離工法の1つですが、成分に有害物質を使っていません。
また、はく離性能も従来のものと比べるとはるかに高いです。

秋野 はく離性能が低い従来のものは、鋼構造物にPCBも鉛も残してしまうのですね。

守屋 そうです。

秋野 ところで、はく離した塗膜はどのように扱うのですか。

臼井 実はそこにも大きな問題がありました。古い時代に使われていた塗料には、今では使用が禁止されている人体や環境に有害な物質が大量に含まれています。さらに、これらの有害物質は、先ほど説明した大量のゴミである研削材にも付着しています。

秋野　具体的にはどのような有害物質が含まれているのでしょう。

臼井　鉛、クロム、ＰＣＢなどです。鉛やＰＣＢが人体や環境におよぶ害に関しては秋野さんに解説していただきましょう。

古くから身近にあった鉛

秋野　〃有害〃な印象の強い鉛ですが、私たちの身のまわりに、ごく普通に存在しています。食品・飲料水を通じ、〃微量元素〃として体内にも吸収されています。農林水産省などによる食品汚染物質の摂取量調査（A、B、C、D参照）によると、日本人の場合、米、野菜からの摂取が多いのです。

臼井　米や野菜が鉛で汚染されているのですか。

秋野　いいえ。我が国の米や野菜中の鉛濃度を調査すると、ほとんどが定量限界未満で、食べる量が多いことによるものだと思います。なお、日本人の鉛摂取量は、諸外国と管べて同程度以下で、過去35年間に徐々に食事からの鉛摂取量は減少しています。

一般的な食事で摂取される量では、鉛中毒になることはありません。

A）2010 ～ 2015 年度 食品を介したダイオキシン類等有害物質摂取量の評価とその手法開発に関する研究
B）2004 ～ 2009 年度 食品中の有害物質等の摂取量の調査及び評価に関する研究
C）2000 ～ 2003 年度 食品中の有害物質等の評価に関する研究〈23 年間のデータをまとめた和文及び英文の冊子〉
D）『1977 ～ 1999 年度 日本におけるトータルダイエット調査（食品汚染物の 1 日摂取量）』

守屋　鉛はものづくりの世界でも重宝されてきました。錆止めに加え、遮音・共振防止、放射線遮断の効果を持つからです。

スピーカーやケーブル類の素材。原子力発電所や各種放射線研究施設、医療施設、身近なところでは顔料、ガソリン添加剤、電極材料などにも使われています。クリスタルガラスや切子ガラスに含ませることで、ガラスの性質を上げる役割も担っています。蛍光灯やブラウン管テレビの画面、装飾品にも使われてきました。

秋野　一方で、このように身近に使われてきたことにより、鉛による健康被害（中毒）も古くからありました。

臼井　真相は定かではありませんが、古代ローマでは水道管が鉛で造られていたために、市民が慢性的な鉛中毒であったという話を聞いたことがあります。

図 5-3 鉛の入った錆止め塗料

JIS K 5622	鉛丹さび止めペイント
JIS K 5624	塩基性クロム酸鉛さび止めペイント
JIS K 5627	ジンククロメートさび止めペイント
JIS K 5628	鉛丹ジンククロメートさび止めペイント
JIS K 5623	亜酸化鉛さび止めペイント
JIS K 5625	シアナミド鉛さび止めペイント
JIS K 5629	鉛酸カルシウムさび止めペイント

秋野　鉛が含まれる塗料が塗られたおもちゃを、子どもが誤って口に入れたことで、鉛中毒に陥り死亡した事例も報告されています。鉛を含んだ塗料について教えてください。

守屋　鉛入り塗料は１９３０年代ごろから製造・使用されはじめたとされ、ほとんどの鋼構造物の錆止めとして使われていました。具体的には以下のような塗料です（図５ - ３）。

ご存知の方も多いと思いますが、これら塗料の品番の頭についている「ＪＩＳ」という文字は、Japanese Industrial Standard（日本工業規格）の略です。日本におけるものづくりの国家標準です。

つまり、国が有害物質の入った塗料を公に認め、かつ、使用をすすめていたことになります。なお、続く「Ｋ」の字はカテゴリを表し、塗料など化学分野における製品を意味しています。

鉛による害、塗料での変遷

秋野　鉛は私たちの身近にあり、食品や飲料水を経由して人体に入っている、と説明しました。ただ、その量はごくわずかです。そのため、体が持つ機能により摂取されてもすぐに体外に排出されるため、通常の生活では健康影響は生じません。

しかし、摂取量が人の排出機能を上回ることで、鉛は徐々に体内に蓄積していきます。その結果、図5-4のようなさまざまな疾患を引き起こします。

鉛の摂取経路は通常は口からですが、水に溶けている鉛の場合には皮膚からも入ります。揮発性の高い鉛もあり、呼吸を通して肺か

ら取り込まれる場合もあります。
注意すべきは、大人に比べ子どもは4～5倍吸収しやすい点です。妊婦から胎盤を通してお腹の中の子どもにも蓄積していきます。

臼井 今でも鉛による健康被害は報告されているのですか。

秋野 はい。消費者庁の事故情報データバンクシステムに2009年9月1日～2017年9月18日の間に登録された鉛に関する危害情報のうち主な事例を紹介しましょう。
例えば、酢酸鉛《さくさんなまり》が入っている外国製のヘアクリームを一度使用したところ、少しかゆみ等が生じたり、鉛が使われている雑貨を乳児が誤って飲み込み、鉛中毒の疑いで入院したり、鉛が入っていた入れ歯安定剤を3年間使用し、言語障害と手の痺れが起きたりしています。

図5-4 鉛が人体におよぼす害

鉛による害の特徴は、血液系や神経系の臓器でも多く発症しています。

守屋　このような背景から、鉛の使用制限が世界中で広がりました。水道管は鉛から鉄や鋼製に。ガソリンは無鉛化に。塗料も鉛を使用しないものに代わっていきました。

臼井　2003年、塗料においては鉛・クロムフリー錆止めペイントがJIS規格となり、翌々年の2005年には鋼道路橋塗装における鉛系錆止めペイントの使用が全面廃止になりました。鉛・クロムフリーの塗料を使うよう変更されたのです。

また、塗料など化学物質の管理を国際的に考える会議、ICCMの第4回において（2006年開催）、2020年に塗料に含まれる鉛を廃絶するための効果的な措置をとることが決定しました。

このような流れから、国内でも鉛の入った塗料は次々と廃止されているのが現状で、先のＪＩＳ規格からも姿を消しています。

守屋　過去の同じ塗料一覧表に比べ、現在使われている塗料は、鉛フリーの錆止め塗料が使われていることが分かります（図５‐５）。

しかし、現存する膨大なインフラには、鉛を大量に含んだ塗料が未だ塗膜として存在します。私たちがふだん通っている道路橋にも、使われている可能性は高いのです。

国内にある鉛入り塗膜をすべて除去する観点からも、一般塗装系から重防食塗装系への切り替えは必須であり、社会的使命だと言えます。

図 5-5 無鉛化が進む塗料

（2014年3月半の鋼道路橋防食便覧の一般塗装系は同じ）

<table>
<tr><th></th><th>新 設</th><th>塗 替</th></tr>
<tr><td>塗 装 系</td><td>A-5</td><td>Ra-Ⅲ</td></tr>
<tr><td>前 処 理</td><td>ブラスト＋
エッチング
プライマー</td><td>3種ケレン＋
鉛・クロム
フリー錆止め
ペイント</td></tr>
<tr><td>工場塗装</td><td>鉛・クロムフリー
錆止めペイント×2</td><td rowspan="2">鉛・クロムフリー錆止め
ペイント×2＋
長油性フタル酸中塗＋
長油性フタル酸上塗</td></tr>
<tr><td>現場塗装</td><td>長油性フタル酸樹脂
中塗＋長油性フタル
酸樹脂上塗</td></tr>
</table>

PCBとは？

臼井　ＰＣＢの害についても、引き続き解説いただけますか。何となく聞いたことはあるけれど、その実は知らないという読者も多いと思います。

秋野　ＰＣＢとは「Poly Chlorinated Biphenyl」の略語で、日本語に訳すと「ポリ塩化ビフェニル」と言います（図５‐６）。ビフェニルという毒性を持つ物質が塩素に置換された油状物質の総称で、合計２０９種類のＰＣＢがあります。

中でもコプラナーＰＣＢと呼ばれるものは特に毒性が強く、また、毒性がダイオキシンと似ていることから、ダイオキシンの仲間とし

図 5-6　ＰＣＢの一般構造式

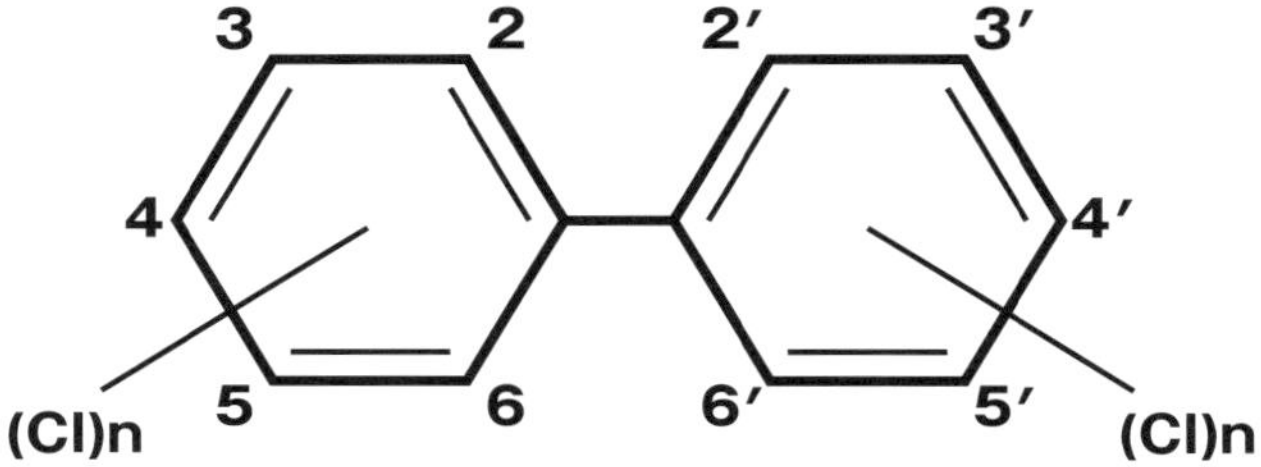

て扱われることもあります。

なお、ＰＣＢはプリント基板を意味する略語でもあることから、「ＰＣＢｓ」と表記する場合もあります。

ＰＣＢは１８８１年にドイツで発明されました。図５-７のような特徴を持っていたため、さまざまな分野での使用が広がり、１９３０年頃にはアメリカで大量生産されるようになります。

ところが１９６０年代以降になると、ＰＣＢの毒性が疑われるようになります。欧米では魚の大量死が発生し、日本国内では、前出した「カネミ油症事件」が起きました。改めて、カネミ油症事件では、大勢の人に健康被害が生じました。

図5-7 ＰＣＢの特徴や用途

特　徴
非水溶性（水に極めて溶けにくい）
不燃性
電気絶縁性
耐薬品性
耐熱性
親油性

用　途
変圧器やコンデンサーといった電気機器の絶縁油
熱交換器の熱媒体
ノンカーボン紙の溶剤
塗料もしくは塗料の質を高める可塑剤（かそざい）

１万３０００人以上が食中毒～カネミ油症事件～

秋野　カネミ油症による健康被害は、西日本を中心に広域にわたり１万３０００人以上にもおよびました。食用米ぬか油（ライスオイル）に混入したＰＣＢを摂取したことが原因でした。

ＰＣＢはライスオイルの製造工程において、脱臭工程に用いる加熱パイプの熱媒体として利用されていました。ところがこの加熱パイプが腐食しており、ＰＣＢが漏れ、食用油に混入してしまったのでした。製造会社の屋号であるカネミから、カネミ油症事件と呼ばれています。

同事件では、海外における過去の報告のように、吹き出物、色素沈着、塩素ニキビと言われた皮膚の疾患が多く見られました。そのほか、目やにや視力低下、難聴、口腔粘膜の異常、全身倦怠感、しびれ感、食欲不振、爪の変形、まぶたや関節の腫れなども見られました（図５‐８）。流産や死産なども起きたと聞いています。

ＰＣＢの毒性は強く、また安定した物質で分解されにくいという特徴を持つため、症状の改善に時間がかかるのも問題です。実際、事件発生から50年近く経った現在でも、未だにＰＣＢによる健康被害に苦しんでいる人たちがいらっしゃいます。

守屋　カネミ油症事件を受け、１９７２年から、日本ではＰＣＢの製造が禁止されました。

しかし、塗装業者の中にはコストを浮かしたいがために、ストックしていた塗料にＰＣＢが混入していることを知りながら使い続けた者もいるようです。そのため、禁止後も全国でＰＣＢを含む塗料が塗られた橋は増えたと考えられます。

図5-8 ＰＣＢが人体におよぼす害

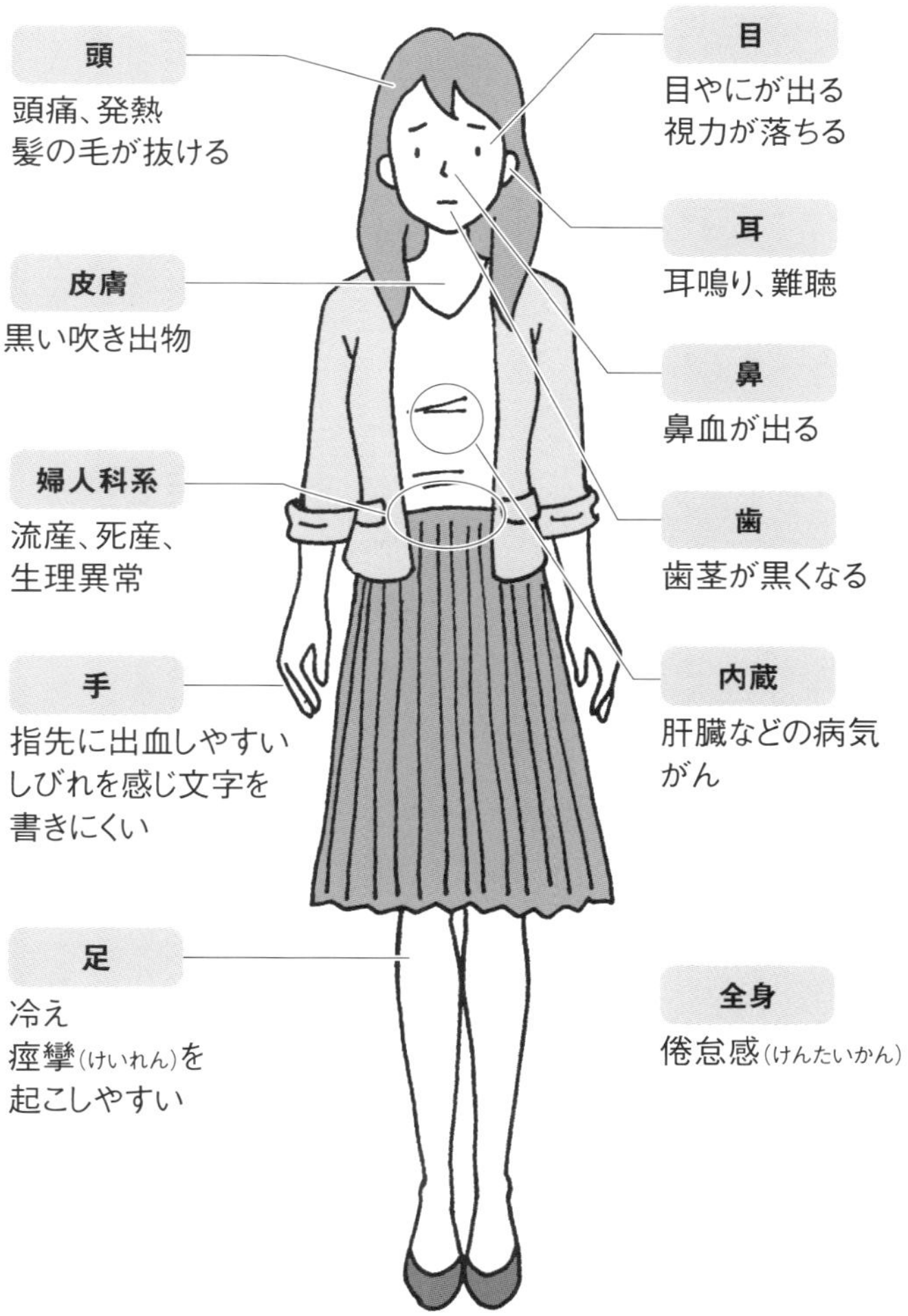

秋野　医療現場では、私が厚労省時代に携わったクロイツフェルト・ヤコブ病（以下ヤコブ病）で同じような事例が報告されています。ヤコブ病に罹患する原因として、脳外科等の手術に、ヒト死体乾燥硬膜製品を移植した場合が問題となっているのです。

ヤコブ病は、「異常プリオン」というタンパク質が正常のプリオンタンパク質を異常プリオンに変換する能力を持つことで伝播、感染するとされるものです。それらが神経組織内に蓄積することで正常な神経細胞が侵され、死に至ります。

ヤコブ病で亡くなった患者から採取し、異常プリオンで汚染された組織が原材料となったヒト死体乾燥硬膜製品が使われたことにより、ヤコブ病被害者を出してしまったのです。

アメリカでは１９８７年、イギリスでは１９８９年に使用禁止となりましたが、日本では、１９９７年まで使用されることになりま

した。しかし、実は使用禁止となったはずの1998年以降の日本で、ヒト死体乾燥硬膜製品が用いられた事例が報告されています。

守屋　PCBを含む塗料を極秘で使用することも、禁止されたヒト死体乾燥硬膜製品を使用することも、〃人の命を重要視していない〃ということです。まったくひどい話です。

分解されずに人体・環境に残り続ける

臼井　カネミ油症事件によって、PCBが使用禁止となる前にも、PCBによる被害はあったのですよね。

秋野　ええ。カネミ油症事件の前から、ＰＣＢによる被害は報告されております。１８８９年には塩素の製造工場で働く作業員にだけ、見たこともない黒いニキビが発症したとされ、その後には死亡例も報告されています。このニキビは塩素ニキビ（塩素ざ瘡《そう》）という症状で、カネミ油症事件の患者にも見られます。

ＰＣＢが恐ろしいのは体内に残留し蓄積・濃縮されていくことです。先に紹介したとおり、成分が化学的に安定しているため、非常に分解されにくく、腐敗しにくいという特徴を持つからです。

蓄積は人に限りません。分解されないためあらゆる生物や水などを媒介し、環境の至るところに汚染は広がっていきます。予防薬のようなものもありません。

守屋　北極ではクジラやアザラシからも見つかっていて、ＰＣＢに汚染されたアザラシを食べたイヌイットが被害にあっている、という報告も聞きます。

臼井　２０１７年２月には、地球上で最も深いとされるマリアナ海溝の深部、水深約１万メートルという環境に住む、エビに似た生物の体内に高濃度のＰＣＢが蓄積されていた、というニュースが世間を騒がせましたよね。

秋野　本来、体内に入った毒素は肝臓で解毒されます。ところがＰＣＢは解毒されないため、腸と肝臓の間を行き来します。そうしているうちに血液の流れに乗って、全身にまわっていきます。脂肪に溶けやすい性質があるため、血管を通して、特に皮膚の下、皮下脂肪に蓄積されます（図５-９）。そのため先に紹介したように、皮膚に症状が出やすいのです。母子から子どもへのＰＣＢ移行も問題です。母子をつなぐ胎盤に

は、本来、有害物質を防御する機能が備わっています。しかしPCBは胎盤も通過してしまいます(図5-10)。へその緒にPCBが残留していることも分かっています。

母親から胎児に移ったPCBは同じように胎児の体を蝕みます。皮膚の異常です。黒い色の皮膚をした赤ちゃんの出産が報告されています。

母子間の移行経路はへその緒だけではありません。母乳でも見られます。

臼井 乳児にとって最大の栄養源であると共に、母親の愛を感じるスキンシップである授乳がそのような被害を招くとは、何とも悲しい気持ちになりますね。

図 5-9 血液を媒介し全身の皮下脂肪に広がる

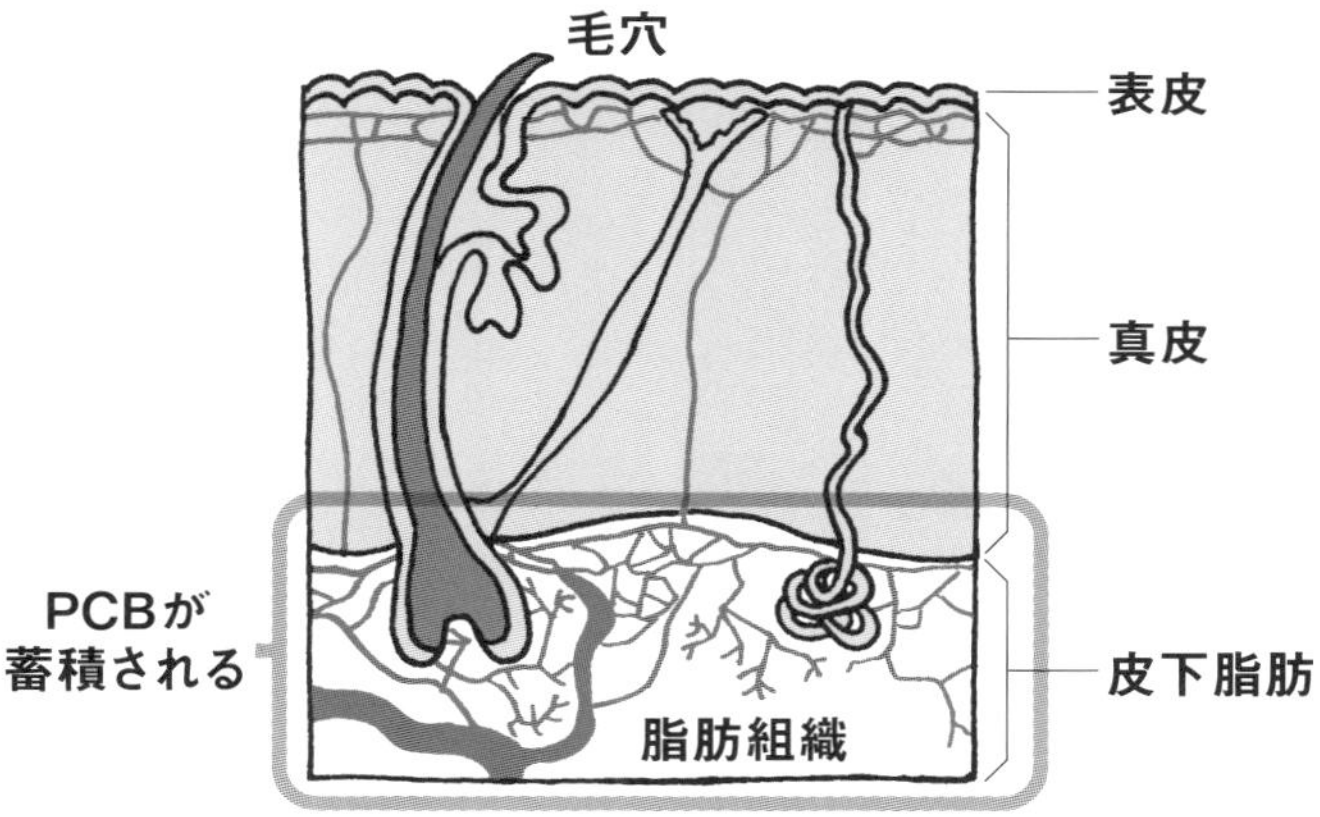

図 5-10 ＰＣＢは胎児に蓄積し母乳にも含まれる

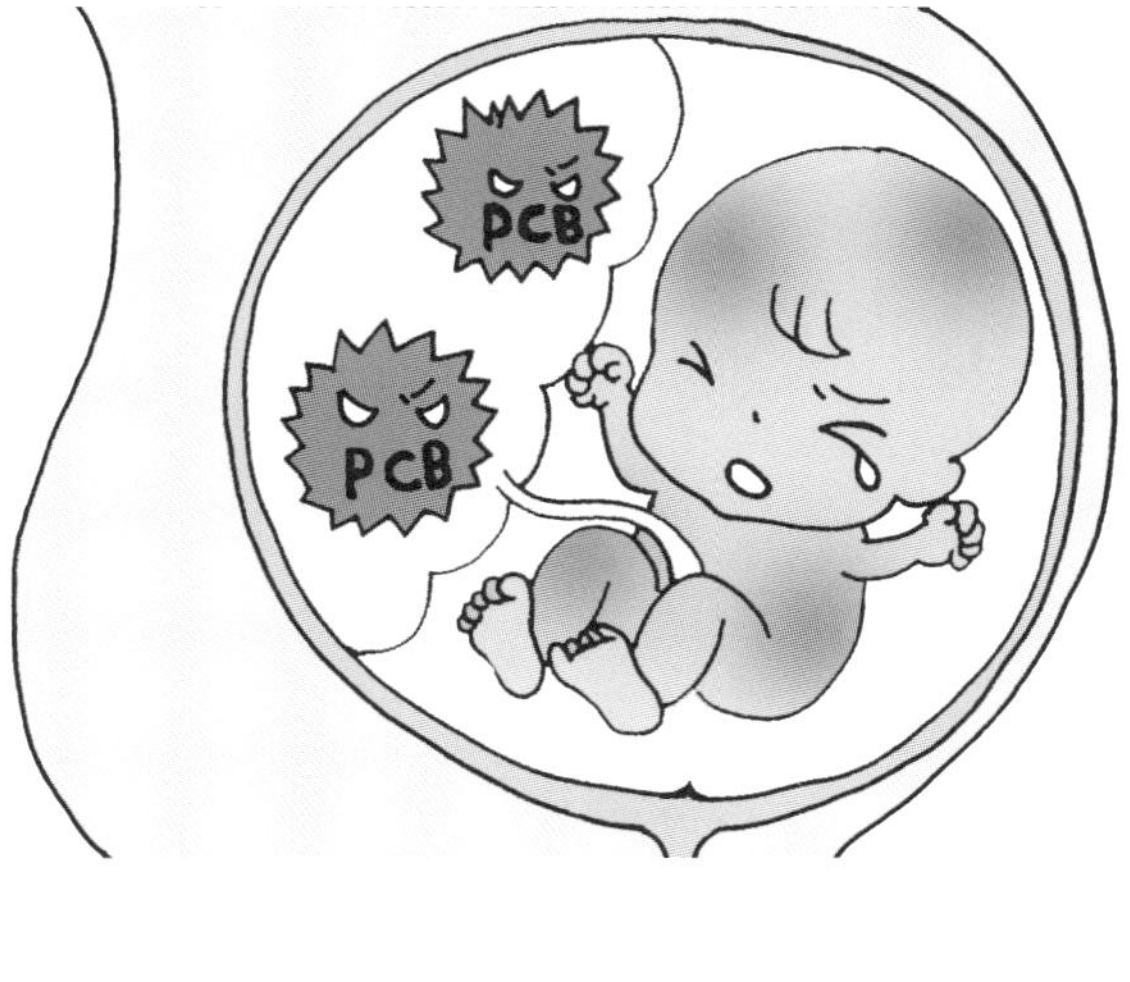

進まぬＰＣＢ処理

臼井　ＰＣＢの処理は、製造が中止された１９７２年以降、安全に処理できないという理由から滞ってきた歴史があります。本書のテーマとは逸れますが、コンデンサーやトランスといった大型の変電器に注入されていたＰＣＢは、変電器ごと電力会社や鉄道会社の倉庫の片隅などで保管されてきた経緯があります。

守屋　しかし、いつまでもこのままにしておくわけにはいかないと国は動きます。ＰＣＢ廃棄物の適正な処理の推進に関する特別措置法「ＰＣＢ特措法」を２００１年に制定し、２０１６年の７月14日ま

でにＰＣＢ処理をしなければならない、と定めました。

　環境省が先頭に立ち、ＰＣＢ処理を専門に行う日本環境安全事業株式会社（ＪＥＳＣＯ）を設立します。２００４年のことでした。


秋野　しかし、この期限ももはや現実的な期限ではないということで、その後ＰＣＢ特措法を一部改正し、２０２７年の３月31日まで処理期間は延長されました。私はちょうどこのとき環境省にいて、まさに同問題に政務官として携わっておりました。以降、高濃度ＰＣＢだけでなく、低濃度ＰＣＢの処理も全国で可能になりました。

　現在では、高濃度ＰＣＢが全国で５ヶ所、低濃度ＰＣＢが焼却方式で22ヶ所、洗浄方式／洗浄・分解方式で11ヶ所、処理可能になっています（２０１７年現在）。

　今度こそ法令に定められた期間内にＰＣＢ処理を進めなければなりません。そのためにも、最も効率的にＰＣＢも鉛も除去できるインバイロワン工法の普及を進めなくてはなりません。

守屋　鋼道路橋の塗装に含まれたＰＣＢの処理はコンデンサーやトランスに含まれたＰＣＢとは区別され、「低濃度ＰＣＢ廃棄物」「塗膜くず」という分類となります。処分方法も異なり、一定の条件ならびに認定を受けた特定の民間処理施設で焼却できます。

ところが同処理で問題があります。説明してきたように塗膜くずにはＰＣＢだけでなく鉛も含まれています。焼却時に鉛が大気中に放出してしまうのです。

臼井　焼却炉にバグフィルターと呼ばれるろ過装置をつけることで対応していますが、鉛の含有量は一定ではなく、焼却炉にとっては鉛含有物の処理は厄介ものです。

そこで京都大学の山本高郁客員教授と協力し、ＰＣＢはもちろん鉛などの有害物質を含む塗膜くずをまとめて高音溶融処理できるガス化溶融炉《ようゆうろ》を開発しました。

このガス化溶融炉は、これまで環境省の高濃度PCB処理方式として認可、登録されている唯一のガス化溶融炉で鉛含有塗膜くずが処理できるように改良したもので、稼働に向けて準備を急いでいます。

ガス化溶融炉について

臼井　このガス化溶融炉であれば、はく離したときに出るPCBや鉛などの有害物質を含む塗膜くず（廃棄物）を、100％安全・安心に処理できます。

自治体などにある従来の焼却施設とのちがいは、大きく2つあります。

1つ目は焼却温度が高いことです。PCBの適切な処理方法は、高温での焼却ですが、可能な施設がなく問題となっていました。しかし、このガス化溶融炉はそれが可能で、高濃度PCB処理が可能な焼却施設として、環境省から認定・登録された唯一の施設となっています。

2つ目は鉛の処理です。先述したとおり、従来の焼却施設では、鉛を含んだ廃棄物にバグフィルターをつけて回収していましたが、これではいくつか問題があるのです。それは、バグフィルターが鉛の粉塵で詰まってしまうこと、廃棄物中の鉛の量が一定ではないこと、そして、埋め立て時に、周囲へ漏れる可能性があることです。また、バグフィルターに異常があれば、大気中に漏れ出すことも考えられます。

しかし、ガス化溶融炉は、高濃度の鉛資源として回収できる構造です。つまり、ガス化溶融炉は焼却施設でありながら、化学プラントのような役割も担っているのです。

大気や周辺環境に漏洩することのない非常に安全性の高いものであり、インバイロワン工法によるはく離塗膜廃棄物を１００％処理することが可能です。

インバイロワン工法によるはく剥離塗膜廃棄物を処理する場合、飛灰に高濃度の鉛が移行し、枯渇が大きく懸念される鉛の再資源化が可能になります。

なお、ベースになるガス化溶融炉は、産業廃棄物処理において、新日鐵住金・鹿島製鉄所（１４０トン／日）、共英製鋼・山口（90トン／日）が現在１００％安定稼働しています。

写真 5-11 ガス化溶融炉

正しく広めるために特許を取得

秋野　インバイロワン工法は橋の長寿命化のために生まれたはく離工法であり、従来の工法とちがい、環境にも人にも優しい、ということが分かりました。私から強調したいのは、インバイロワン工法は、国土交通省により公共工事などにおける幅広い活用や、飛躍的な改善効果が期待できる画期的な技術として有識者会議の検討を経て、推奨技術に選定されていることです。

臼井　2015年度に、1000を超える候補があるなかで、わずか2技術の1つに認められました。

秋野　しかし、いくら素晴らしい技術や工法でも、使われなければ意味がありません。この周知活動についてはどのようにお考えですか。

守屋　多くの塗装事業者に使ってもらいたいのはもちろんですが、開発初期から製品の扱いについてはとても気を遣っています。

塗料や溶剤は臭いや刺激が強かったり、可燃性があったりするなど危険なものが多いです。塗装業者がシンナーを横流しし、若者が吸って社会問題になった例もあります。

もちろん、インバイロワンそのものに危険な成分は含まれていません。しかしはく離性が高いですから、車などに塗れば簡単に塗膜がはがれてしまいます。イタズラに使われてしまっては問題です。

秋野　そこで正しい知識の普及のために２０１５年11月24日に全国インバイロワン工法施工技術協議会が設立されたのですね。設立総会には太田昭宏前国土交通大臣はじめ国土交通省の皆様にも駆けつけていただきました。

守屋　はい。インバイロワンだけでは売らず、施工する業者には正しい工法を理解した上で使用してもらうルールを定めました。特許をとったのも、このような考えがあったからです。

臼井　インバイロワンを使う施工業者は、私たちと特許実施許諾契約を締結し、技術講習と技術者証も取得してもらいます。

守屋　インバイロワンが誕生したのは２００６年です。翌２００７年に福岡北九州高速道路公社が管理する３万５９２０平方メートルにもおよぶ鋼構造物の塗替工事に採用されました。この実績をきっかけに、インバイロワンを使いたいとの声を多くいただくようになりました。これまで全国各地で60万平方メートルを超える橋梁のはく離工事を行っています。

臼井　ですが、重防食塗装に一から塗り替える必要のある橋は全国各地にまだまだあります。インバイロワンをもっと広めたい、知ってもらいたいと、私たちは各地で説明会を開催しています。

守屋　２０１１にはＡ４用紙50枚以上からなる施工マニュアルを作りました。その後２０１５年には、秋野さんに顧問になっていただいてインバイロワン工法施工技術協議会を作りました（図５-12）。

臼井　国土交通省、環境省など関係省庁のご指導を通して、工法の安全管理、品質向上並びに普及を目指すために設立しました。
設立総会には国土交通省、環境省、土木研究所、産業廃棄物処理

図 5-12　インバイロワン施工技術協議会組織図

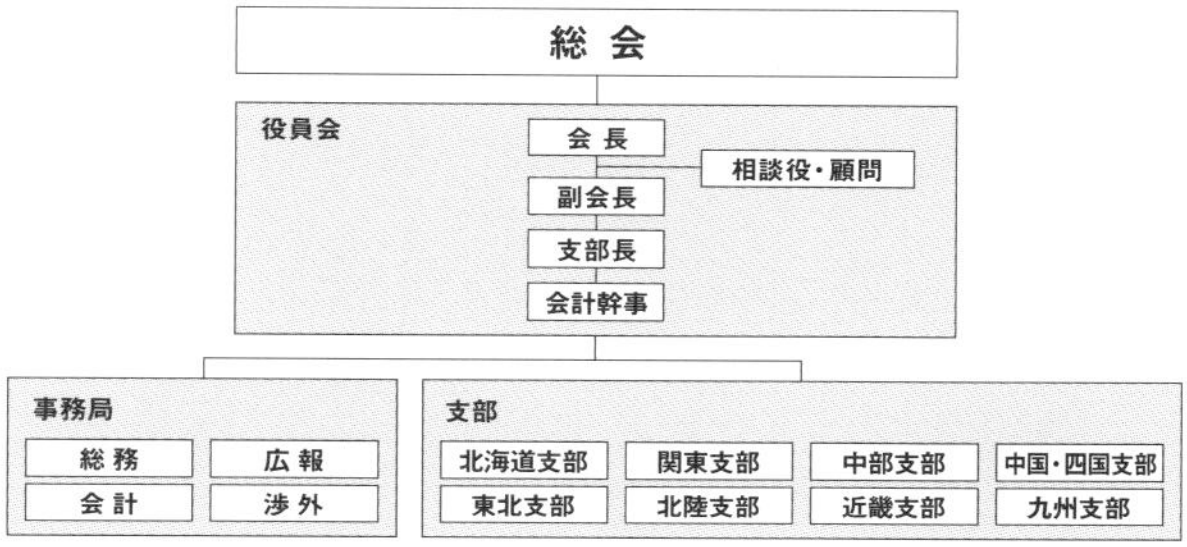

役員体制

会長	佐野 範宜	佐野塗装株式会社
副会長	鈴木 英之	株式会社鈴木塗装工務店
北海道支部長	宇佐美 隆	株式会社宇佐美商会
東北支部長	柿崎 隆雄	有限会社柿崎塗装
関東支部長	宇佐美 弘文	東亜塗装工業株式会社
北陸支部長	勝原 浩	勝原塗装株式会社
中部支部長	前田 直希	三好塗装工業株式会社
近畿支部長	佐野 寛	佐野塗装株式会社
中国・四国支部長	平田 幸司	鳥城塗装工業株式会社
九州支部長	原田 文博	橋梁塗装株式会社
会計幹事	那須野 憲悟	辻元塗工株式会社
会計幹事	三橋 丈夫	株式会社三橋塗装店
相談役	鈴木 喜亮	中仙塗装株式会社
顧問	秋野 公造	参議院議員
顧問	山本 高郁	京都大学教授
顧問	守屋 進	元土木研究所
顧問	大久保 雄一	富山県塗装協同組合専務理事
特別賛助会員	臼井 明	インバイロワンシステム株式会社
事務局長	竹内 大樹	インバイロワンシステム株式会社

事業振興財団、そして、秋野さんをはじめ、太田昭宏前国土交通大臣からもご祝辞を頂きました。

現時点で最高の技術

守屋 チャプター2で説明した、全国のＰＣＢを含む塗膜が塗られた橋の調査に、実は私も関わっていました。

当時はＰＣＢに対する行政の認識が低く、廃棄のルールや規制値などもありませんでした。私は防食と平行してＰＣＢ・鉛・クロムの、環境や人体への影響も研究していたため、声がかかりました。

しかし現在は、当時と変わって、有害物質の規制が厳しくなりま

したから、インバイロワンは必要不可欠だと考えています。

普及を進めるには私たちの宣伝活動も大切ですが、受注を決定する自治体担当者の意識改革が必要だと感じています。旧態依然の考えを持つ方が未だ多いからです。

塗装は化粧ではなく公的建造物を守る防食技術であり、塗替工事の際にはインバイロワン工法がベストだと伝えたいのです。最安値を入札する今の会計法にも問題があると思います。そこにライフサイクルコストの考えは入っていないからです。長いスパンで考えた上でのコストを加味した入札システムに、変更する必要があるのではないでしょうか。

臼井　各地に建設された道路橋に含まれる低濃度ＰＣＢの処理は、先ほど先生も触れられましたが、国内では法律で２０２７年前までと定められています。世界基準であり、日本も条約に賛同しているストックホルム条約では、２０２８年までに処理が完了しなければならない、と定められています。残りはあと10年です。正直、今のペースでは間に合わないでしょう。

秋野　ですからもっともっと早いスピードでインバイロワン工法を知って頂かないといけません。国土交通省がインバイロワン工法を推奨技術としたのは重い判断です。現時点における最高のはく離工法であると評価がなされたことを知っていただきたいと思います。

似たような工法も出てきているようですが、もしも、はく離のために禁止された有害物質が使われているならば、似て非なるものと指摘しなくてはなりません。有害物質でＰＣＢと鉛をはく剥離するならば、繰り返してはならない過去の反省が共有されているとは言えないからです。

臼井　類似品のほとんどは性能面で不十分な点が多くあるように思います。しかし、行政の担当者がそこまでの成分を把握するのは難しいでしょう。

秋野　残念なことです。そのあたりの正しい情報発信の役割も、さらなる安心・安全の技術の開発にもこれからはお二人に担っていただきたい、と期待しております。シンクタンクのような存在です。

一方で、私はインバイロワン工法を超える技術が出てくることも願っています。そうなれば、ＰＣＢの処理がより早く確実に進むからです。

そしていずれは、日本で培ったＰＣＢのはく離から処理までに関わる技術が海外にも展開されることを願っています。ＰＣＢによる健康被害を二度と発生させないためにも、インバイロワン工法の普及に尽力したいと考えております。

長崎県

平成29年5月15日
参議院行政監視委員会（抜粋）

●**秋野公造君**　どうかよろしくお願いをしたいと思います。次に、橋梁の塗装に含まれるＰＣＢの処理、これをきっちり行っていくことが大変重要で、お伺いをしたいと思いますが、まず環境省にお伺いをしたいと思います。

廃棄物処理法におけるＰＣＢ汚染物の定義についてお伺いをしたいと思います。

●**政府参考人（中井徳太郎君）**　お答え申し上げます。

ＰＣＢ、ポリ塩化ビフェニル汚染物は廃棄物処理法施行令で規定されておりまして、具体的には、ポリ塩化ビフェニルが染み込んだ汚泥や、ポリ塩化ビフェニルが付着し、又は封入された廃プラスチック類、金属くず等のことをいうとされております。

なお、同施行令のポリ塩化ビフェニル汚染物には濃度に関する基準がなく、例えば、ポリ塩化ビフェニルが付着していることが確認できた廃プラスチック類はポリ塩化ビフェニル汚染物に該当し、特別管理産業廃棄物として適正に処理する必要がございます。

●**秋野公造君**　廃棄物の種類を問わずＰＣＢが付着していること等の確認ということは、これはＰＣＢの特性を考えて行うべきかと私は考えておりますが、その見解でよろしいでしょうか。

●**政府参考人（中井徳太郎君）**　お答え申し上げます。

御指摘のとおり、ポリ塩化ビフェニルの染み込み又は付着等が確認できればＰＣＢ汚染物に該当するということでございます。

●**秋野公造君**　橋梁の塗装の剥ぎ取り工法については、乾式、そして湿式の両方法があるわけでありますが、作業者の安全、そして環境への影響といったようなことを考えますと、湿式で推進すべきと私は考えます。

直轄国道や高速道路の橋梁の塗装剥ぎ取り工事において湿式工法が実施できないケースということはあり得ましょうか、お伺いをしたいと思います。

●**政府参考人（石川雄一君）**　お答えいたします。

橋梁等の塗装の剥ぎ取り工事におきましては、鋼板面におきまして研削材をぶつけて塗装を削り取るなどの乾式方式と、溶剤を塗布し塗装を剥ぎ取るなどの湿式工法がございます。鉛等の有害物を含有する塗料の剥離作業を行う場合には、有害物質の飛散を防止するために、厚生労働省の基準に基づき、湿式工法等を採用しております。

一般的な作業環境におきましては、湿式工法が実施できないケースは承知しておりません。

●**秋野公造君** その上で、この橋梁の剥ぎ取り工事においては、繰り返しになりますが、健康障害防止の観点で、工事前に塗装に含まれる有害物質の有無の確認を行って、安全な方法で工事を実施するということを私はもっと徹底すべきではないかと思いますが、これについての御見解をお伺いしたいと思います。

●**政府参考人（石川雄一君）** お答えいたします。

橋梁の塗装の剥ぎ取り工事におきまして塗装に有害物を含む場合には、湿式工法での実施や労働者への有効な防護具の着用など必要な対策を行うこととされており、国や高速道路会社は、これについて会議等の場で周知してきたところでございます。また、高速道路会社は、塗装に含まれる有害物質の有無が不明な場合において、成分調査を行い、その有無について確認することを社内で文書に周知したと承知しております。

国におきましては、地方整備局に対し、有害物質の有無について工事着手前に確認し、安全な方法で対応することを改めて周知徹底するとともに、地方自治体に対しましても、高速道路会社や国の取組を周知してまいります。

●**秋野公造君** 湿式工法を勧めておいてあれですが、その中には、例えば体に危険あるいは環境に危険なそういったものが含まれている可能性もあるかと思います。湿式工法には様々な工法があって、その適用に当たっては効能や取扱いなどを適切に評価する必要があるかと思いますが、工法選定に当たっての対応についてお伺いをしたいと思います。

●**政府参考人（石川雄一君）** お答えいたします。

湿式工法に用いる土木鋼構造用塗膜剥離剤技術は、委員御指摘のように、様々な特徴を持つ技術が民間会社等において開発されていると認識しております。土木鋼構造用塗膜剥離技術の選定につきましては、施工管理、安全管理、剥離後の塗料の付着性、材料の安全性、剥離性能などを踏まえまして、適正な技術を評価していくことが必要であると考えております。

このため、国土交通省におきましては、今後、土木鋼構造用塗膜剥離剤技術を広く公募し、今年度内にも各技術のフィールド試験を実施いたしまして、その特徴等を評価する予定でございます。その後、その評価結果について施工業者等に情報提供をしてまいりたいと考えております。

おわりに

日本を再生する新しいテクノロジーとは、人や環境に悪影響を及ぼす有害物質を飛散させず簡単に取り除く技術、つまり〝インバイロワン工法〟でした。

読者の方には、はじめにや本文でも触れた「カネミ油症事件」などは、ご存じなかった方も多くいらっしゃるでしょう。時が流れ、新しい技術が生まれると、それまでに当たり前だったものが、一変して良くないモノだと分かることがあります。鉛やＰＣＢもその１つかもしれません。

そうなった場合に必要なのは、それまでの〝当たり前〟を、迅速に変えるための新しい選択をすることです。その新しい選択ができるためには、それまでの常識を一度捨てる必要があるかもしれません。

本書をお読みいただいた皆さんには、新しい選択肢である〝インバイロワン工法〟が、いまの日本に必要であることをご理解いただけたのではないかと思います。
しかし、現在の我が国では、新しい選択肢を選ぶことが簡単な状況ではありません。日本再生への小さな一歩として、まずは、あなたから新しい選択肢への理解を深めていただけたらと思います。

私はインバイロワンも含め、はく離剤の開発にこれまで30年以上にわたり携わってきました。その中で多くの人との出会いがあり、その出会いがインバイロワンの開発、周知に繋がったと感じています。改めて感謝の気持ち述べさせていただきたいと思います。本当にありがとうございました。
本書をきっかけにインバイロワン工法の普及スピードが加速し、各地にある有害物質の適切な除去ならびにインフラの老朽化対策に貢献できれば幸いです。

２０１７年9月　臼井 明

Profile

臼井《うすい》 明《あきら》

インバイロワンシステム株式会社　代表取締役
1953 年東京都生まれ。1975 年に化学薬品問屋に就職し有機化学薬品について学び、1983 年に父親の経営する化学薬品メーカーに入社。製品開発業務に携わる。薬剤が与える自然環境や人の健康などへの影響を目の当たりにし、当時業界内で当たり前のように使われていた薬剤に疑問を覚える。2003 年に独立行政法人土木研究所との共同研究を開始し、“ライフサイクルコストが低く、人体にも環境にも優しいはく離剤”の開発にあたる。2004 年、さまざまな困難を乗り越え、特許を取得（特許第 3985966 号）。2006 年に国土技術開発賞最優秀賞（国土交通大臣賞）、2007 年にものづくり日本大賞（内閣総理大臣賞）を受賞。2011 年に、知的財産権、事業権を継承し、インバイロワンシステムを設立。現在に至る。

守屋《もりや》 進《すすむ》

工学博士／インバイロワンシステム株式会社　技術顧問
一般社団法人日本鋼構造協会 鋼構造物塗装小委員会　委員長他
1951 年東京都生まれ。1974 年に建設省土木研究所地質化学部化学研究室に入所。下水処理施設の脱臭方法の開発に携わり、1985 年には、科学技術庁長官賞創意工夫功労者賞を受賞。土木構造物の防食及び耐久性の向上と環境安全性を確保するはく離剤工法の開発に携わり、2006 年に国土技術開発賞最優秀賞（国土交通大臣賞）、2007 年にものづくり日本大賞（内閣総理大臣賞）を受賞。2012 年に、土木研究所材料地盤研究グループを定年退職し、同年インバイロワンシステムに技術顧問として就任、現在に至る。

秋野《あきの》公造《こうぞう》

医学博士／公明党参議院議員
1967 年生まれ、長崎大学医学部卒業。長崎大学、米国シーダース・サイナイ・メディカルセンター、厚生労働省に勤務。2010 年に参議院議員選挙にて初当選（現在 2 期目）。環境・内閣府大臣政務官、参議院災害対策特別委員長、参議院法務委員長を務める。長崎大学・横浜薬科大学・長崎外国語大学・広島大学大学院・北海道医療大学・長崎国際大学の客員教授、東北師範大学の客座教授（中国）も務める。

たった1つの選択で日本は変えられる
インバイロワン工法の秘密

2017年11月9日　初版発行

著　者　臼井明・守屋進・秋野公造
発行者　野村直克
発行所　総合法令出版株式会社
〒103-0001　東京都中央区日本橋小伝馬町15-18
ユニゾ小伝馬町ビル9階
電話 03-5623-5121

印刷・製本　中央精版印刷株式会社

落丁・乱丁本はお取替えいたします。

ISBN 978-4-86280-581-2
総合法令出版ホームページ　http://www.horei.com/